广式传统木作装饰及传承研究

黄　白◎著

北京工业大学出版社

图书在版编目（CIP）数据

广式传统木作装饰及传承研究 / 黄白著． — 北京 ：北京工业大学出版社，2021.7
ISBN 978-7-5639-8050-5

Ⅰ．①广… Ⅱ．①黄… Ⅲ．①建筑装饰－工程装修－细木工－研究－广东 Ⅳ．①TU759.5

中国版本图书馆 CIP 数据核字（2021）第 132706 号

广式传统木作装饰及传承研究

GUANGSHI CHUANTONG MUZUO ZHUANGSHI JI CHUANCHENG YANJIU

著　　者： 黄　白
责任编辑： 郭志霄
封面设计： 知更壹点
出版发行： 北京工业大学出版社
（北京市朝阳区平乐园 100 号　邮编：100124）
010-67391722（传真）　bgdcbs@sina.com
经销单位： 全国各地新华书店
承印单位： 三河市腾飞印务有限公司
开　　本： 710 毫米 ×1000 毫米　1/16
印　　张： 12.25
字　　数： 245 千字
版　　次： 2023 年 4 月第 1 版
印　　次： 2023 年 4 月第 1 次印刷
标准书号： ISBN 978-7-5639-8050-5
定　　价： 68.00 元

前　言

中国传统木作具有很高的历史文化价值。几千年来，传统木作经历了中国古代人们在生活取向和审美兴趣的变化。它集高雅与粗俗于一体，融合了多种文化，具有浓郁的民族风格和时代特色，继承了中国传统建筑和室内装饰风格，在世界木作史上占有独特的地位。

由于特殊的自然环境、文化背景、工艺技术及建筑形式等多重因素的影响，广东地区的传统木作家具也有其独特的地域风格。随着现代生活模式、材料和工艺的发展变化，传统家具的生存空间日渐狭小，相关的营造技艺的传承与发展也面临一定困境。再加上当前我国对于传统家具的研究比较分散，较少涉及广式木作，因此亟须展开系统的调查与研究。本书以广东地区极具特色的木作家具为研究对象，通过多重研究，对基本类型、装饰技法与题材等方面展开论述。总体而言，本书完成的一个重要目的就是抛砖引玉，希望有更多的学者能投入广式木作的研究当中来。

本书共分七章，书中对传统木作的解释和举例大多以传统家具为例。第一章主要对传统木作进行大致阐述，主要包括中国传统家具的类别，中国传统家具的文化思考，传统木作的发展历史与特点，中西方传统家具的差异，中国传统的木作建筑和家具；第二章重点探讨了传统木作的装饰部件与造型艺术，主要包括传统木作的图纹样式，传统木作的装饰图案的特征与题材，传统木作的装饰部件，传统木作的装饰部件的造型艺术；第三章对传统木作的制作技艺予以详细的讨论，包括测量、定向的工具与工艺，平木、穿剔的工具与工艺，榫卯结构，传统木作的制作过程；第四章大致介绍了广式传统木作，内容包括岭南及广式传统木作的形成与特征，外来文化对广式木作的影响，贸易与广式家具的发展关系，清代、民国时期广式木作的风格，广式木作与京式、苏式木作的区别；第五章侧重讨论了广式传统木作装饰元素之镶嵌，内容包括镶嵌常用的材料，镶嵌装饰的美学法则，镶嵌装饰的题材与技术；第六章对广式传统木作装饰元素之木雕，包括广式木雕的演进与内涵，广式木雕在室内和建筑上的装饰作用，潮州木雕的形成与特征，广式木雕艺术的现代应用；第七章作为本书的最后一章，具体探讨了广式家具对宫廷陈设的影响，广式木作的发展现状，广式传统木作文化的传承与创新。

本书内容翔实，逻辑清晰，具有较高的可读性与学术价值，同时结合当今社会上的一些实例，激发读者的阅读兴趣，增强读者对中国传统木作装饰全面认识与理解，书中大多以传统家具为例详细介绍传统木作，更加具体、直观。

本书是在参考大量文献的基础上，结合作者多年的教学与研究经验撰写而成的。在本书的撰写过程中，作者得到了许多专家学者的帮助，在这里表示感谢。另外，由于作者的水平有限，书中难免存在不足，恳请广大读者指正。

目　录

第一章　传统木作概述

第一节　中国传统家具的类别

一、按形状分

中国的传统家具按其形状可分为两类：低层家具和高层家具。在这两类中间，也可以划分出一个过渡的类别——逐步高层家具。这种分类是由人们的生活方式决定的。从原始社会到秦汉，人们大多习惯坐在地板上，所以家具的高度很低；从东汉末年到魏晋南北朝，西北少数民族内迁，改变了原来的坐卧方式。家具的发展呈现出一种混杂的趋势，但总体上以低层家具为主。唐宋以后，高层家具逐渐普及，出现了桌子、椅子、凳子等家具。

二、按材料分

如果按所用材料对家具进行分类，则有漆木家具、藤竹家具、金属家具、陶瓷家具等。

三、按功能分

在更多情况下，中国传统家具的分类基于家具的使用功能，可分为七类。

（1）坐具。早期的席、筵，后来的椅、凳、墩等均属坐具。

（2）卧具。供躺卧的席、床、榻等。

（3）承具。指上面可以陈放各类物品的家具，如几、案、桌等。

（4）凭具。用来倚靠或凭扶的家具，如凭几、隐囊等。

（5）庋具。指用于储藏东西的家具，大的有柜、橱、箱等，小的有匣、椟、盒、奁等。

（6）屏具。遮蔽视线、分隔空间用的各式屏风类家具。

（7）架具。具有悬挂或支架功能的家具，如衣架、镜架、盆架、灯架等。

除上述七类外，还有许多小家具，称为“杂项”，可供陈列或娱乐，或具有某些特殊用途。

第二节　传统木作的发展历史与特点

一、传统木作的发展历史

中国传统木作产生、发展、成熟和繁荣的历史，离不开人类社会形态、社会结构、生产方式和生活方式的演变和发展。中国传统家具是中国古代传统木作的代表类型之一，作为与人们日常生活息息相关的物品，它的历史在一定程度上也是中国古代的生活史、文化史和科技史。

中国传统木作历史悠久，可以追溯到7000多年前的新石器时代。随着原始人生活方式的变化，他们的住所从“窑洞”发展到“棚屋”，人们开始学习使用和加工木材。在这个过程中，人们发明并掌握了榫卯工艺。浙江余姚曾是原始居民居住区，在这里发现了一种木桩下的木屋，是在地上堆成的。桩、木完成后，先立梁，再铺板。然后，在木板上，框架和屋顶形成了架空建筑，称为干栏式建筑。干栏式建筑具有良好的通风和防潮性能，可防止蛇、昆虫等动物的侵扰，下方也可以饲养家禽和牲畜。到目前为止，这种古老的木作形式仍被南方居民，特别是少数民族所使用。榫卯技术在木作中得到了广泛的应用。在浙江余姚河姆渡村落遗址中，发掘出了榫卯建筑构件的遗存。另外，在河姆渡发现木井，井口为方形，边长2米，井口为木框架，内设插芯，每侧墙为排桩，井深约1.35米，四周有直径6米的围栏和28根木柱，是目前世界上发现最早的井口。在河姆渡遗址出土的原始社会中后期的木作家具，可以看作中国古代木作家具的萌芽。

在原始社会之后，木作家具经历了初创、发展、成熟、鼎盛这一发展过程。中国古代木作家具的发展经历了三个阶段：商周木作家具发展初期；春秋至唐代的传统木作家具发展中期；从五代到清代的传统木作家具发展后期。如果在这三个阶段的基础上进一步划分，原始社会、夏商西周是中国传统木作家具的萌芽时期。在此期间，产生了一些具有家具功能的器具，如卧椅、席、箱子等，用于祭祀和宴会，风格也很简单。春秋战国秦汉时期是中国传统木作家具的发展时期。在此期间，家具种类增多，逐渐摆脱礼器的局限性，适用于整个房间的布局和展示，成为真正意义上的家具。家具生产越来越注重材料的选择。原有的榫卯工艺发展成熟，木材加工工艺不断完善，木作家具装饰技术也更加丰富多样。后世木作家具的重要装饰技术和工艺，如雕塑、漆器装饰、马赛克和金属装饰等，在这一时期已经出现并达到了一定的水平。中原青铜器家具和荆楚漆器家具在家具造型和纹样装饰上具有更高的审美价值和文化价值，家具的实用价值和装饰价值得到了统一。魏晋南北朝是中国传统家具转型和变迁的时期。由于社会动乱、战争频繁、政权更迭，西北少数民族文化和佛教文化对中原传统文化艺术产生了巨大影响。家具形式和装饰的变化也反映了社会的政治、经济和文化的变化。西北少数民族的家具传入中原，改变了中国传统家具的低矮形态。佛教主题的图案装饰出现在家具中，丰富了中国传统家具装饰的内容。隋唐时期是中国传统家具发展和丰富的时期。在民族团结、社会稳定、经济繁荣的背景下，手工业发展迅速，对外贸易和文化交流规模空前，文化艺术的发展达到前所未有的高峰，为木作家具制造业和木作家具艺术的发展提供了条件。在这一时期，家具的种类、风格、材料、工艺和装饰都有了新的发展。高型家具逐渐取代了低型家具，得到了广泛的应用。造型丰富、装饰华丽是这一时期家具的主要特征。宋元明清是中国传统木作家具成熟与繁荣的时期。在这一时期，中国封建社会逐渐形成了手工业和商业阶层，城市经济繁荣，商品经济发达，手工业水平达到顶峰。在宋元时期，高档家具得以普及，种类繁多。明代家具制造业实现了全面的完善、成熟和繁荣，成为中国传统木作家具史上最辉煌的一页。这一时期家具精品层出不穷，形成鲜明独特的时代风格和民族风格。清代家具工艺和装饰发展达到了巅峰，分类精细，工艺精湛，产量大，并在各地形成了不同的地域特色。然而，清代后期作品显得过于精致和奢华，注重表面效果，忽视了功能和内涵。

二、传统木作的特点

中国传统木作具有传统艺术的许多共性，如象征与意蕴、对称、温柔等，但也有其独特的特点，在世界木作史上占有重要地位。中国传统木作是我国乃至世界重要的物质文化遗产。它具有以下四个突出特点。

（一）鲜明的文化特征

中国传统木作是深厚传统文化在生活中的自然表达，也是文化的载体。首先，中国传统文化含蓄的特点在家具上体现为含蓄的榫卯结构和舒适、灵活的特点。其次，中国传统文化追求与自然的契合，体现在家具上就是注重装饰性，景观意向，线性框架与木材本身的形态特征一致。最后，中国传统文化充满民族情怀，而以山西和中原为代表的传统家具具有强烈的民间信仰和情感，反映了中华民族的原始哲学。

（二）稳定的结构体系

从功能上讲，家具是建筑在室内的进一步延伸。中国传统木作家具在宋元明清时期达到顶峰。中国传统木作家具继承和发展了一个稳定的结构体系。许多家具经过几百年的使用后仍保持原有的结构。

从结构上看，中国传统木作家具有三大特点。

1. 攒边结构

攒边结构是把边框用 45° 格角榫攒起来，中央心板通过穿带与边槽、边框结合在一起，解决了木材胀缩及截面生涩的问题。

2. 木建筑结构

家具与木建筑的结构相同，结构同样由柱（腿）和梁支撑。柱框架顶部的木圈梁起到加固作用。然而，与建筑相比，家具造型更为内在和理性，家具中的榫眼和榫眼是模糊和不可预测的。

3. 榫卯结构

中国传统家具似乎是一个简单的框架模型，但实际包含着复杂的榫卯结构，常见的有格榫、合成榫、开榫、闷榫、抱肩榫、半榫、长短榫、钩榫、燕尾榫、耐磨榫、夹头榫、切断榫等。与传统手工制品（如玉雕、瓷器等）相比，中国传统家具的榫卯设计并不完全依靠精密的工艺来满足人们的视觉享受。家具的设计必须科学合理，并能保证家具的长期使用。这就要求每个榫眼的设计都要与家具的形状相结合，还要考虑木材的承载力。

（三）种类繁多、造型丰富

杨耀先生根据功能的不同将家具分为杌椅类、几案类、橱柜类、床榻类、台架类、屏座类以及家具附件等。其中，杌椅类包括方凳、条凳、梅花凳、官帽椅、交椅、圈椅、鼓墩、瓜棱墩等；几案类包括琴几、炕几、香几、茶几、书案、条案、平头案、翘头案、架几案、琴桌、八仙桌、月牙桌、三屉桌等；橱柜类包括闷户橱、书橱、方角柜、圆角柜、四件柜、衣箱、药箱、官皮箱等；床榻类包括凉床、暖床、架子床、拔步床、罗汉榻等；台架类包括花台、衣架、镜架、面盆架、脚踏等；屏座类包括镜屏、插屏、落地屏风、炉座、屏座等。

传统家具有许多传统的形状，但也有一些特殊的品种。

1. 折叠家具

中国传统家具中包括许多折叠家具，其中折叠椅最为常见。折叠椅是在公元2世纪左右传入中原的，在接下来的几个世纪里，它遍布中原，受到人们的广泛欢迎。尤其是出门游玩时，有些人会把它挂在肩上。我国古代有“第一把交椅”的说法，指坐在该位置的人是最重要的角色。

2. 板足家具

板足家具的结构不同于一般的框架结构。板足是对框架腿的简化，即用单板代替框架结构作为承重腿。为了避免枯燥，一般在板足上雕刻简单的图形。

3. 香几

香几的形状非常灵活，有方形、八角形、圆形、荷叶形、梅花形等，束腰及腿部变化更大。香几的主要功能是放置香炉，也可以展示奇石、盆栽、花瓶等。由于其功能特殊，流传下来的产品非常罕见，特别是明朝制造的香几。因此，香几受到许多收藏家的青睐。

4. 绣墩

绣墩，又称坐墩，因为经常配合绣制精美的坐垫，又称为绣墩。它是板凳家族中最个性化的，通常呈圆形，腹部大，形状特别像鼓，所以又称“鼓墩”。据沈从文先生在《中国古代服饰研究》一书中的介绍，“腰鼓形坐墩，是战国以来妇女为熏香取暖专用的坐具”。唐代受佛教莲台的影响，坐墩多为腰鼓式。这些座墩上覆盖一块绣帕，所以也被称为“绣墩”。宋代以后，绣墩已成为人们日常生活中常见的坐具。明清时期的绣墩既在室内使用，也常在园林和户外展出，材质有木、竹、藤、漆、瓷等。绣墩的形状除圆形外，还有梅花、葫芦等形。绣墩也有开光和不开光的区别，开光有五开光、六开光等。墩面装饰也很精致，可以镶嵌彩石、影木、大理石等。绣墩的制作非常讲究木材的使用，常用的有紫檀木、花梨木、鸡翅木等。

（四）装饰手法多样

传统木作家具的功能相对简单，艺术性相对较强。在漫长的发展历史中，精美的家具装饰传统逐渐形成。其装饰特点主要体现在以下几方面。

1. 装饰往往与造型相结合

传统木作家具多用线条造型，线性元件在家具中的应用是丰富多彩的。

2. 装饰往往与结构相结合

古代工匠将装饰艺术与家具的整体结构相结合，实现了协调统一的视觉效果。例如，传统家具中常见的“角牙”装饰艺术用在牙板与脚的结合处，不仅提高了家具的坚固性，还具有很强的装饰效果。

3. 装饰往往与材质相结合

中国传统木作家具擅长将不同材质、颜色和纹理转化为家具的装饰语言。家具是木质的，其装饰效果取决于木材的自然属性。这一手法成功地实现了人们在物质生产中寻求的艺术价值。这种装饰手法看似简单，但更接近自然，具有“草色遥看近却无”的魅力，充分体现了愉悦生活的特点。

4. 装饰往往与金属饰件相结合

金属饰品的装饰功能是建立在实用功能基础上的。人们常基于木作家具的特定风格，使用一些简单而美丽的几何图形或吉祥图案的金属饰品，使作品充满了人的情感。无论是整体比例、点对面关系，还是安装位置都经过精心构思，达到简单、适度、美观大方的装饰效果。此外，金属光泽与木材纹理相映成趣，在纹理与色彩上形成强烈对比，给人以美的享受。

5. 装饰往往与象征图形相结合

在传统木作家具中，人们常运用各种图形、图像作为装饰的主题，例如，灵芝是祥瑞的仙草，象征福寿、吉祥、繁荣等；“鱼”与“余”谐音，象征富裕；“莲”与“廉”同音，以莲花寓意居高位而不贪、公正廉洁；“莲”即“荷”，又与“和”同音，比喻夫妻和谐、“家和万事兴”。

此外，龙纹也是传统家具中常见的图形。龙是中华民族自古以来崇拜的图腾，传说龙是鳞虫之长，能使云雨昌盛，天气晴朗，衣食丰富。秦汉以后，历代帝王将自己视为龙的化身。龙的形象在传统家具中深受人们喜爱。

我国传统木作家具多采用龙凤呈祥、荷花扭枝、万字方生等图案，给人一种“华丽而不艳，富贵而不俗”的感觉。

以下为中国传统木作图例举例。[①]

① 据朱云，广东传统家具的特色分析，2016年

图 1-3-1　圆桌椅

图 1-3-2　仿西式折叠桌

图 1-3-3　广式长椅

图 1-3-4　紫檀有束腰西洋扶手椅

图 1-3-5　西番莲雕刻

图 1-3-6　小姐椅

图 1-3-7　双层茶几

图 1-3-8　姑婆家具

图 1-3-9　酸枝博古柜

第三节　中西方传统家具的差异

传统家具史是中华文明史的一部分。中国传统家具的结构与西方家具完全不同。中国传统家具独特的线性结构深受中国人民喜爱，也受到世界各国人民的赞誉。中国传统家具已成为一种深受人们喜爱和珍视的文化艺术作品。

中西方家具的差异主要体现在形式和艺术装饰上。

西式家具注重功能与艺术的交融，而家具构造则强调主体的拼接。在保证家具实用功能的前提下，充分展示其木雕艺术（图 1-3-1）。西式家具装饰木雕构件多用钉子固定，家具体积较大（图 1-3-2）。直到 15、16 世纪以后，东西方文化开始发生更多碰撞和交流，西式家具才开始发生变化。

17 世纪以来，西方发现和学习了东方线性家具（图 1-3-3 至图 1-3-4）。直到那时，西式家具才摆脱了重叠的盒形模式，与现代工业和新材料相结合，逐步形成了现代西式家具设计流派（如包豪斯），开辟了现代国际家具发展的新时代。

需要指出的是，在实现这一转型的二三百年中，西方对中国传统家具的形式和美感都给予了关注，并创作了几个具有东方意象的家具新作(如中国椅子)，开拓了现代家具风格和市场。经过仔细研究，可以发现这些新作与中国木制结构有着很大差异，其木材的横截面过大而偏离了“中和圆通”（图 1-3-5）[①]。

① 据乔子龙，匠说构造——中华传统家具作法，2015 年

图 1-3-1　西方·板材叠加的家具（一）

图 1-3-2　西方·板材叠加的家具（二）

图 1-3-3　东方·条杆构造的椅子

图 1-3-4　东方·条杆构造的盆架

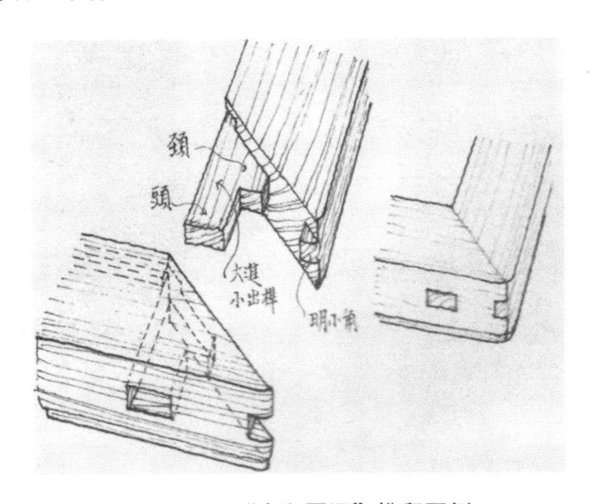

图 1-3-5　“中和圆通”榫卯图例

从隋唐开始，东方家具逐渐转变为纯木结构的线性家具。宋代以后，其结构更是有了前所未有的发展。木材与木材的榫卯连接更为合理、牢固，并由此形成了一个独特的结构化体系。外来硬木与自制锋利工具以及人文艺术的结合，将纯木家具的发展推向了高潮（图 1-3-6）。榫卯结构的使用有助于家具摆脱早期箱型板的“重”束缚，逐渐形成以杆为主体的更轻便的结构。从宋元到明初的几个世纪里，以线性骨架为美的家具逐渐成为主流。即使需要面板，它也是以漂亮的形式封闭框架（图 1-3-7）。

在中国传统家具中，带榫卯连接的直线杆，是框架之间自然形成的（图 1-3-8），是中国人的首选。家具作为一种实用的工具，在礼仪、宗法制度和日常生活中都具有形而上学的精神内涵。家具已成为一件艺术品。在工匠与文人的交融中，线性结构的文化得到了丰富和发展。室内家具的结构中包含了许多中国文化形象，骨子里具有中国精神（图 1-3-9、图 1-3-10）。

东方直线家具的艺术魅力体现在简单线条的不同组合上。它以更含蓄的方式，运用各种元素，如方圆、厚度、间隔、曲度等，完成了艺术升华。即使它们被赋予了雕塑或装饰，也应该基于装饰、缝合或镶嵌等艺术手法。

以全雕、深雕、高浮雕、圆雕、漆器装饰和马赛克为主体的家具是另一个主题，但这些工艺也必须附着在家具的主体结构上，家具的结构形式仍然是线性结构。

从榫卯结构的角度看，东方榫卯的外部注重材质的光滑，内部隐藏连接结构（图 1-3-11）；西方榫卯则会暴露连接结构，在部分案例中，木材断面内外都暴露出来。①

图 1-3-6　清式文博柜

图 1-3-7 明式圆角柜

①（据乔子龙，匠说构造——中华传统家具作法，2015 年）

图 1-3-8　明式园椅

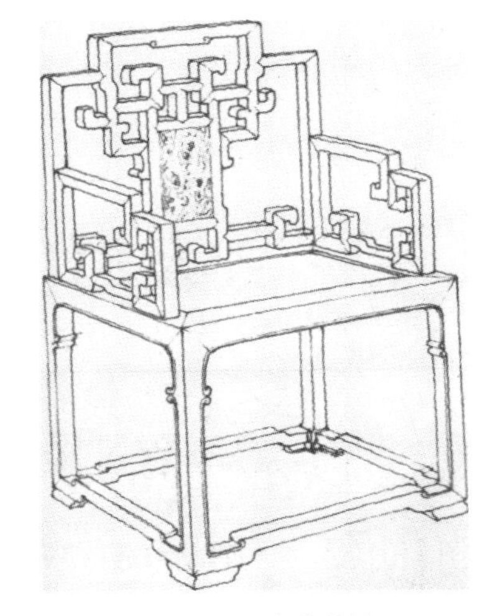

图 1-3-9　清式苏椅

图 1-3-10　明式格架

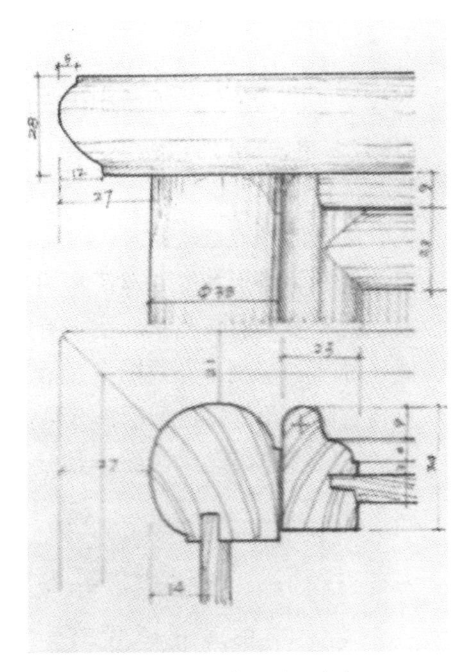

图 1-3-11　苏作小圆角柜

第二章　传统木作的装饰部件与造型艺术

第一节　传统木作的图纹样式

中国传统木作上的图纹各式各样，选取以下几种为代表对中国传统木作图纹进行介绍。

一、龙纹

龙纹是一种动物纹。龙是中国古代神话传说中具有神奇特性的动物。传说它们有鳞，有角，有爪，能够呼风唤雨。古往今来，龙一直被视为中华民族的图腾，龙纹也是流传最广、影响最大、种类最丰富的传统家具图纹样式。

龙纹的具体形式也随着时代的变化而变化。新石器时代和商周时期的龙纹，头上有两个角，身形如蛇，盘绕弯曲。龙爪的数量在不同朝代也有所不同。元代以前，龙基本上有三只爪，明朝有四爪，清朝有五爪。家具上龙纹的主要装饰方法是浮雕和雕刻。龙纹图案经常出现在古代宫廷家具中，如一些家具的面板、靠背、腿、角等。典型家具有皇帝的宝座（图 2-1-1）。

龙纹纹样图案

龙纹宝座

图 2-1-1　龙纹纹样图案及家具图例

二、凤纹

凤凰图案是中国传统家具的典型装饰图案之一，起源于中国神话传说中由各种鸟类特征合成的凤鸟形象，凤凰图案通常与龙图案一起使用，表达“龙凤呈祥”的寓意。古代凤凰被称为“百鸟之王”，象征吉祥、高贵、纯洁、幸福、爱情等。凤纹的具体形式也因时而异。在春秋战国时期，凤凰的尾巴细，腿爪粗；秦汉时期，凤凰的尾巴又宽又大；唐宋时期，凤凰的外形越来越丰富多样；元、明、清时期，凤凰的形象基本固定，尾巴像孔雀羽毛，翅膀内侧也有类似雄鸳鸯的羽毛，使其形象更加绚丽高贵。凤纹在我国传统家具装饰中得到了广泛应用，它象征着吉祥和好运，非常受人们欢迎（图 2-1-2）。

图 2-1-2　凤纹纹样图案及家具图例

三、回纹

装饰性的回纹最早出现在陶器上，结合了陶器和青铜器上的雷鸣图案，后期逐渐演变成几何模式。回纹象征着吉祥和财富。回纹具有连续性和不间断性的特点，广泛应用于当时人们生活的各个方面，尤其是家具装饰方面（图 2-1-3）。

回纹纹样图案

回纹家具

图 2-1-3　回纹纹样图案及家具图例

四、卍字纹

卍字纹是中国传统吉祥图案之一，图案主要展示“卍”的逆时针变化。在中国古代，“卍”字常被用来拼写护身符，具有太阳或火的含义。在梵文中，“卍”字可以理解为“吉祥之地的集合”，代表着过去和现在世代的轮回，象征着永恒、吉祥、万福、长寿。“卍”图案广泛应用于中国传统家具的装饰艺术设计中，寓意吉祥，增添美感。（图 2-1-4）。

卍字纹纹样图案

卍字纹家具

图 2-1-4　卍字纹纹样图案及家具图例

五、卷草纹

卷草纹又称扭枝纹、叶卷纹、藤草纹，是由金银花纹演变而来的一种植物纹。卷草纹图案主题多样，造型美观，多为双面连续或可变的带状边饰。魏晋南北朝时，卷草纹分为叶和茎两部分。唐朝时，卷叶图案开始流行，并广泛应用于家具装饰（图 2-1-5）。

卷草纹纹样图案

卷草纹家具

图 2-1-5　卷草纹纹样图案及家具图例

六、牡丹纹

牡丹图案是中国传统植物图案的代表，是中国民族特色最鲜明的传统图案，也是中国传统符号元素的代表。牡丹，被誉为“百花之王”，在中国古代非常流行。牡丹图案是繁荣、高贵、幸福、财富的象征。牡丹图案丰富多样，常见的有单支拟合型、多支对称型等。牡丹图案通常用雕刻或绘画来表现。牡丹图案在中国传统家具中广受欢迎，其装饰风格和特点在传统家具装饰艺术中非常突出（图 2-1-6）。

牡丹纹样图案

牡丹纹样家具

图 2-1-6　牡丹纹样图案及家具图例

七、缠枝纹

缠枝纹也是中国传统植物纹样的一种，又称穿枝纹、万寿藤、转枝纹、连枝纹、香草纹，盛行于唐代。其图案生动、典雅、优美，寄托着人们的美好愿望。（图 2-1-7）。

缠枝纹纹样图案

缠枝纹家具

图 2-1-7　缠枝纹纹样及家具图例

八、灵芝纹

灵芝纹是以灵芝为题材的植物花纹纹样，常用于家具装饰。灵芝在中国古代被视为神草、灵草、灵药，因此，灵芝纹具有长寿、美丽、吉祥的含义。灵芝广泛应用于传统家具装饰（图 2-1-8）。“螭虎闹灵芝”是灵芝纹中最典型的图案，灵芝的枝和叶形态像卷草盘旋缠绕，螭虎奔驰其间。

灵芝纹纹样图案

灵芝纹家具

图 2-1-8　灵芝纹纹样及家具图例

第二节　传统木作装饰图案的特征

中国传统木作装饰图案具有鲜明的民族特色。由于社会文化背景和政治背景不同，它们的艺术形式呈现出不同的特点。以下以各朝代的传统木作家具为例，详细论述传统木作装饰图案的特征。

商周时期是我国奴隶制社会逐步形成和成熟的时期，也是我国传统文化的孕育期。这一时期，随着世界著名的青铜文化的兴起和发展，“青铜家具”应运而生。其装饰图案端庄庄重，内容多样，图案构成严谨，装饰手法独特，表现出端庄新颖的美。值得注意的是，这些装饰图案的风格极为严肃、刚硬，其构成以对称结构为主，形状更为变形、夸张，趋向于“程式化”和“有序化”的形式，与当时的社会制度密不可分。

春秋战国时期，装饰家具的装饰图案为鲜艳的色彩，最常见的是红黑漆，背景色为黑色，色彩设计为红色，其特点是“朱画内，墨染外”，素雅、幽雅、高雅。气势恢宏，装饰效果强，呈现出稳重端庄的美感。

汉代漆器家具的发展达到了前所未有的高度。装饰图案美观端庄，构图和谐典雅，体现出奢华低调的美。除了传统的绘画、金银箔贴外，还有金衬即金线填充、绘画等工艺，更加奢华。通常以黑色为底色，红色被涂料，红色和黑色两种颜色一起使用，颜色艳丽、明亮、耀眼，做工精细，有的家具用金银装饰，具有极高的观赏价值。

与汉代家具的装饰纹样相比，明式家具的严格比例关系已成为家具造型的基础，其结构也十分科学。其装饰图案刚柔、自然大方的特点令人印象深刻。线条硬朗而不刚硬，柔和而不软弱，表现出简洁、大方、优雅的美。装饰图案不刻意雕琢。通过简化和程式化的图案强调内在魅力。清式家具是在继承明式家具的基础上发展起来的。

清代家具的装饰图案追求丰富、复杂，其制作工艺包括雕塑、马赛克、绘画、堆垛等手工艺品。因为统治阶级喜欢华丽的装饰，所以装饰的主题和结构精美华丽，体现了满汉文化的结合。在艺术风格上，清代家具不仅继承了明式家具的优点，而且受西方装饰艺术的影响。在这个时期，它经常使用一些全铺形式的装饰图案。装饰比较零散，组织逻辑受明式家具影响，向自由化方向转变。

第三节　传统木作的装饰部件

研究发现，目前文献中对木作装饰部件类型的总结和归纳并不全面，对其产生的时间和发展规律也没有进行梳理。本书基于对大量文献资料的研究，总结了一些结构装饰件，按其产生的时间顺序，分为包缘、腿足、端头、搭脑、托泥、档板、围子、牙子、靠背、扶手、开光、枨子、券口、联帮棍、卡子花（结子）、矮老、裙板、绦环板、圈口、挂檐（又称楣子）、屏风帽子等。

一、包缘

古代为防止席边缘散落，发明了用丝麻、绢、锦等织物包边和用花纹装饰边缘的技术。这一技术在汉代特别流行，称“包缘”（图 2-3-1）。席是人类最早的家具之一，是用草、竹篾、藤条编结而成，供人们坐卧的编织用具。席以其材料易得、易于加工成为当时普遍使用的家具，席的包缘应该是最早出现的结构装饰部件之一。

包缘可反映席的材质、形制、花饰、使用者身份及地位。例如，魏晋时期，佛事活动日益频繁，古印度僧人专用的一种坐具——榫席（图 2-3-1）已广泛用于寺庙中。榫席是用蒲草或毛制品编织而成的圆形厚垫子，周边装饰着莲花等图案（即包缘）。后来，榫席演变成一种新型坐具——蒲团。蒲团用蒲草编制，比榫席更厚，其中填入了丝、麻、毛絮等物，呈扁鼓状。

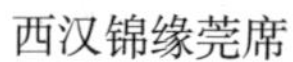
西汉锦缘莞席

魏晋《达摩像》中的榫席

图 2-3-1　包缘的方形、圆形造型

二、腿足

我国传统木作家具在历代呈现出不同的腿足形态。在查阅大量文献的基础上，本书从结构形态特征等方面对我国传统家具的腿足形态进行了综合分析，并将其分为箱板型、壶门型、明亮型和组合型四类。

作为家具的支撑结构，腿足是家具形式中最活跃的部分，也是古代工匠精心打磨的对象之一。

（一）箱板型

箱板型分为实心板和空心板两种。这两种形式的箱板型腿足是夏商西周家具及明式家具中最常见的腿足形式。

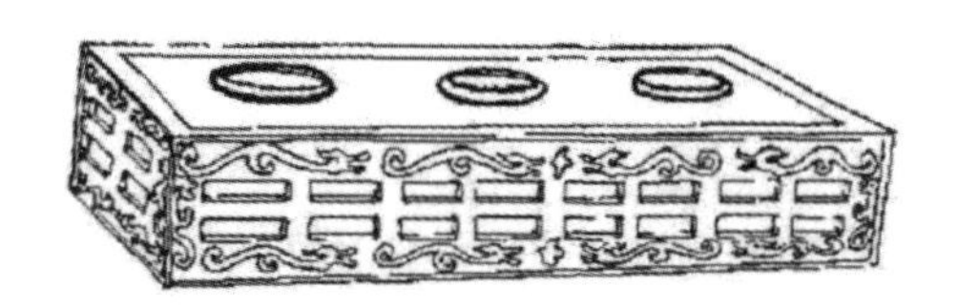

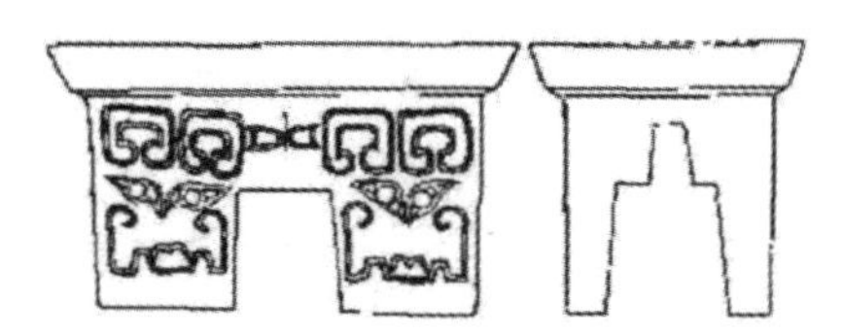

图 2-3-2　箱板腿

夏商西周时期漆木家具已采用了榫卯结构，箱板型腿足非常流行。明代箱板型腿足再次流行，腿和挡板都是木制，且多采用硬木。这些硬木多是从东南亚经海运过来的，包括黄花梨、鸡翅木、红酸枝等。尽管箱板型腿足结构的稳定性不令人满意，但这一具有鲜明民族特色的造型经常被后世的仿制家具模仿。[①]

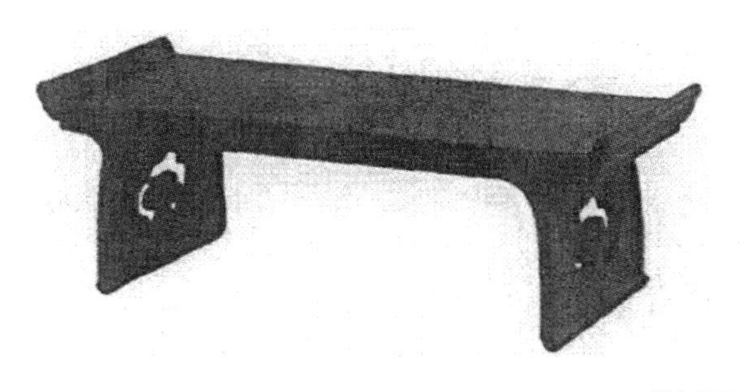

图 2-3-3　箱板腿

（二）壶门型

壶门造型最早见于商周时期的青铜器装饰，它在魏晋隋唐时期再次流行。这一时期佛教的传入使壶门、须弥座的造型成为家具设计、装饰灵感的来源。

壶门造型在家具中有两种表现形式：一种是门上挂着一个箱形结的装饰，是后世腿的雏形；另一种是附于座形结构的壶门装饰，汇聚成束腰底座的装饰形式，为后世各种壁板的设计打开了思路。在中国传统家具的腿足设计中，作为腿部轮廓的壶门有壶门洞和壶门带托泥两种形式。前者属于箱体挖孔，后者是壶门形的腿足造型与托泥相结合的结果。[②]

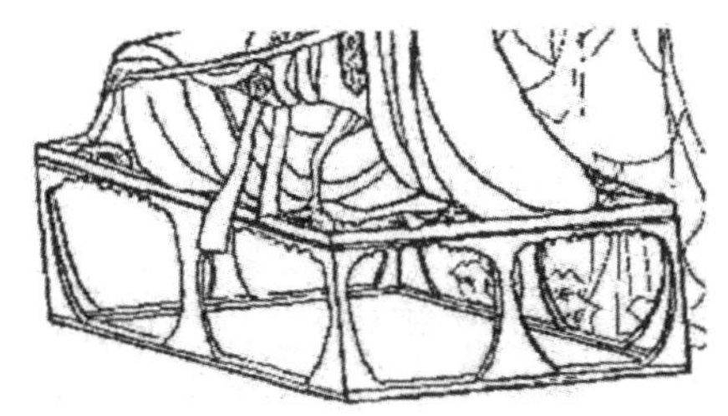

图 2-3-4　壶门

（三）明亮型

明亮型指的是家具腿和腿分开、腿与面各自独立的腿足造型。根据其形态特征，可分为简单的几何造型、复杂的几何造型、用自然图形装饰的几何造型和模拟自然图像的造型。在我国传统木作家具中，明亮型腿足占相当大的比例。它也是区分历代家具风格的艺术特征之一。

①②　据张筠梓，中西方传统家具装饰图案的比较研究，2014 年

1. 简单的几何造型

家具腿足呈简单的几何形状，如立方体、圆柱体、圆锥体等。立方体腿足简洁大方、工艺简单；圆柱体腿足柔和、轻快。

简单几何造型的腿足在宋元明时期很常见。到了宋元，高档家具已广泛应用于社会各阶层。人们吸收了木梁框架施工技术，广泛制作榫卯结构的家具。腿足具有“侧脚和接收点”的特点。同时，人们采用腿足与托泥、牙板相结合的方式，在舒适、合理的基础上，使新的高脚家具更加美观、优雅、精致。明式家具继承了这一传统。①

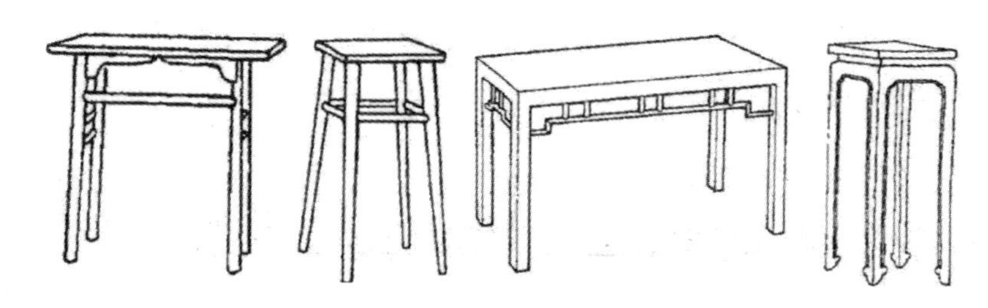

图 2-3-5　简单几何体形

2. 复杂的几何造型

复杂几何造型由圆弧线、抛物线和双曲线组成，也有些造型是由各种圆柱和多棱体组成。用于装饰的各种线条，如嵌件、凹槽、绳线等，增加了腿足的层次感和立体感。

复杂几何造型的腿足常见于隋唐宋家具和清代宫廷家具。这种形式的腿足能生动地表现出高贵、奢华的风格，因此深受人们喜爱。②

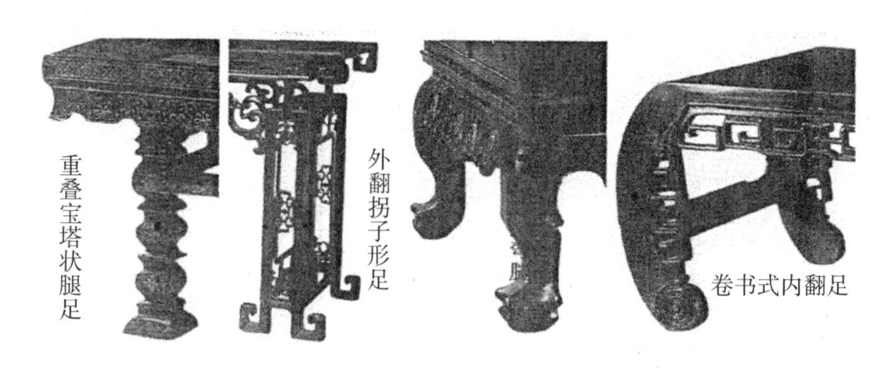

图 2-3-6　复杂几何体形

①② 据张筠梓，中西方传统家具装饰图案的比较研究，2014 年

3. 用自然图形装饰的几何造型

这类腿足通常采用简单生动的造型，以浮雕的形式进行装饰。

这类腿足在唐代家具中更为常见。唐代家具体积大，造型新颖。螺钿工艺在家具上的应用一直延续到清朝；雕漆工艺中的金银平脱、剔红、剔黄、剔彩等技术直到近代都有使用。唐代家具一般选用紫檀、花梨、铁梨、黄杨、柏木等材料，质地细腻，外观美观。通过上述工艺和材料的运用，这类腿足造型得以与唐代家具的华丽风格相吻合。①

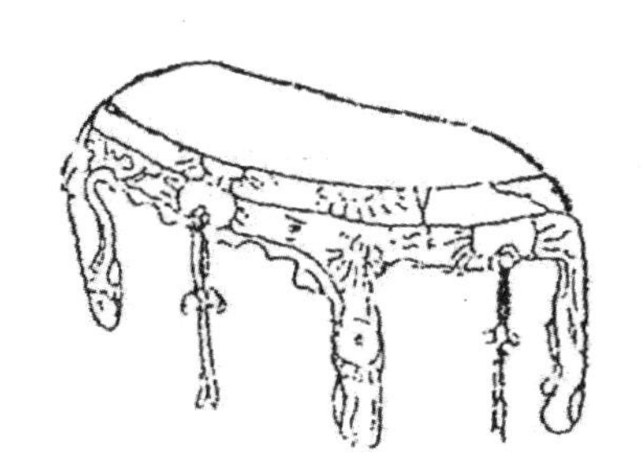

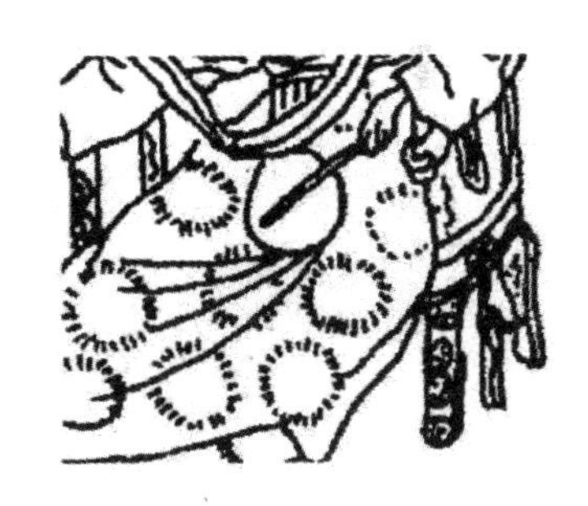

图 2-3-7　自然图形点缀的几何体形

4. 模拟自然图像的造型

这类腿足造型以自然生物图像为基础，通过适当的裁剪、组合、提炼、抽象和联想，使自然图像的特征和魅力更加典型、完善，更有代表性，更有利于工艺制造。

这种腿足造型多见于夏商西周时期和明清时期。也可以说，这种形状的腿足曾经存在于各个朝代，并得到了更生动、更丰富的解释。②

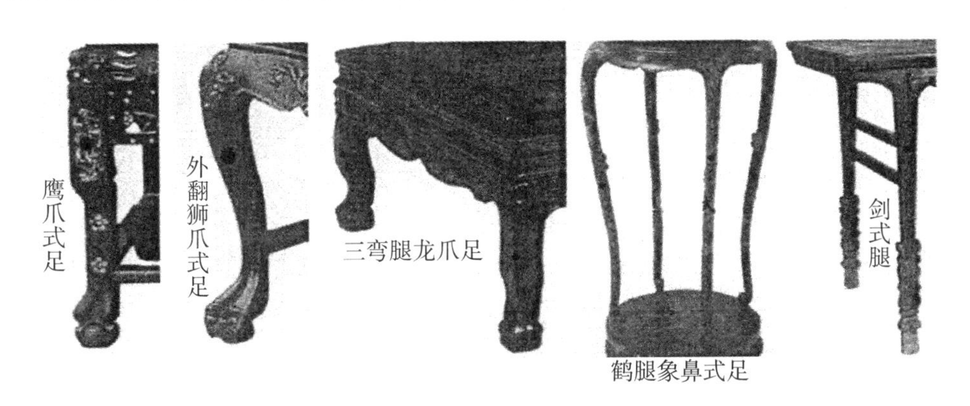

图 2-3-8　模拟自然形象的造型

①② 据张筠梓，中西方传统家具装饰图案的比较研究，2014 年

（四）组合型

通过使用家具本身的结构部件，各种腿足造型可以有机地结合在一起。组合型腿足形式丰富多样，使家具造型自由变化，坚固稳定，美观大方。

三、端头

端头指椅类家具横梁的头部和框架家具横梁的头部。其功能以装饰为主，其次还有挂衣的作用。①

图 2-3-9　各式端头造型

四、搭脑

椅类、架类家具最上端的横梁被称为搭脑。搭脑一般出现在衣架、镜架、脸盆架、毛巾架等架类家具和椅类家具上，被用来挂衣服。同时，搭脑有不同的形状。搭脑在架类家具中的形状多为直线形和弧形。

搭脑在椅类家具中，是椅子造型的重要组成部分。它位于高靠背椅子顶梁的中间，用于连接立柱和背板的结构件。椅子的搭脑有三种类型：一种是搭脑与椅子后立柱、扶手保持相同造型风格，如南官帽椅、玫瑰椅等；一种为搭脑是中间加厚型，如太师椅；还有一种搭脑是雕花型，一般多为吉祥物造型，如洋花椅等。②

①② 据张筠梓，中西方传统家具装饰图案的比较研究，2014 年

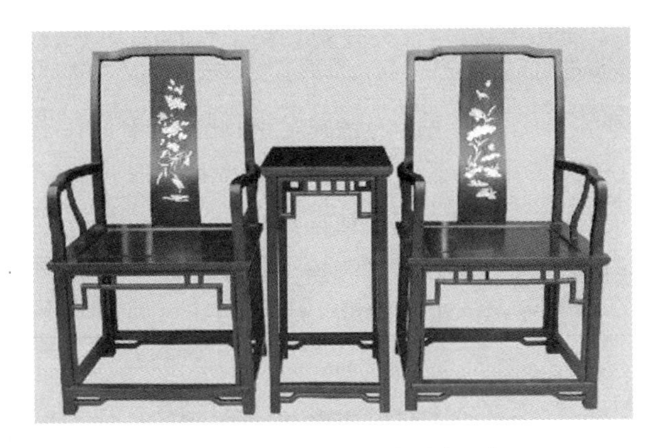

图 2-3-10　各式搭脑造型（一）

图 2-3-11　各式搭脑造型（二）

图 2-3-12　各式搭脑造型（三）

五、托泥

托泥是安装在家具腿足之下并连接固定家具腿足的部件。托泥有两种类型：一种是框架，有圆形、方形、长方形、六角形、八角形、梅花形、海棠形等，用来支撑家具。另一种是垫木，安装在家具底部。大多数托泥支撑物不接触地面，其下面有小脚，俗称“乌龟脚”。托泥支架不仅具有防潮、防腐、稳定家具的作用，而且使家具显得庄重、厚重、精致。①

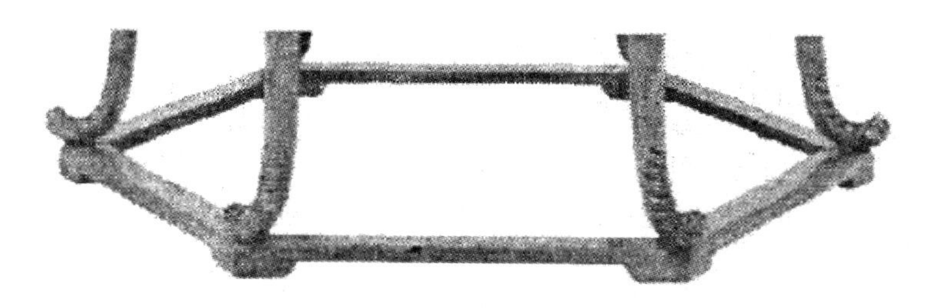

图 2-3-13　六角形托泥

图 2-3-14　圆形带龟足托泥

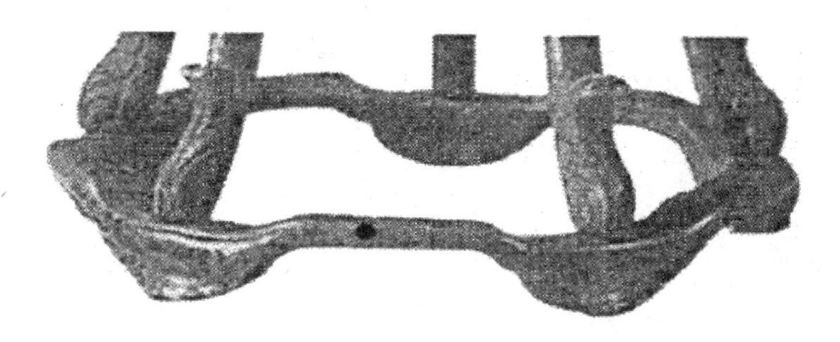

图 2-3-15　环形托泥

① 据张筠梓，中西方传统家具装饰图案的比较研究，2014 年

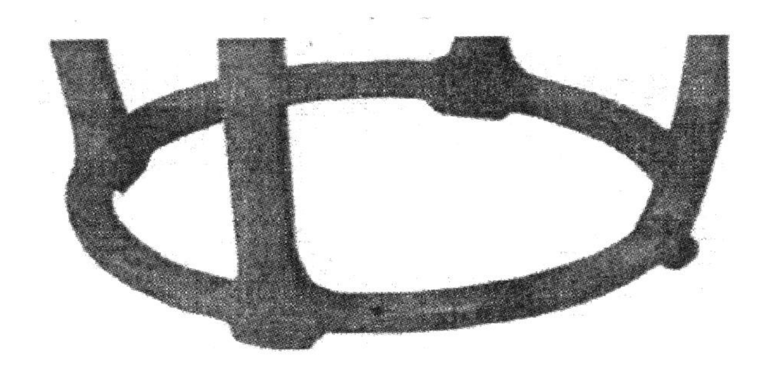

图 2-3-16　圆形托泥饰龟足

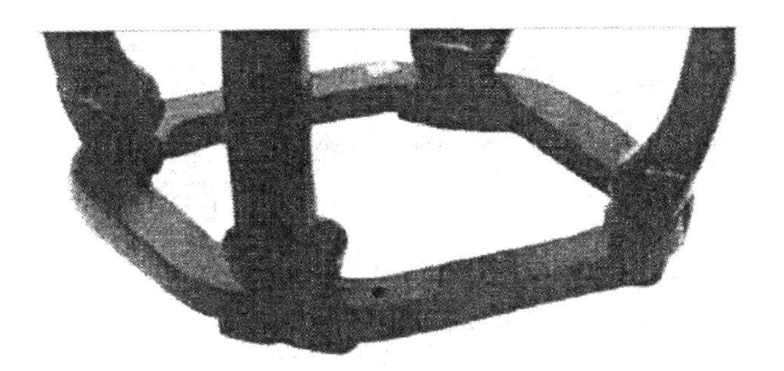

图 2-3-17　海棠形托泥饰龟足

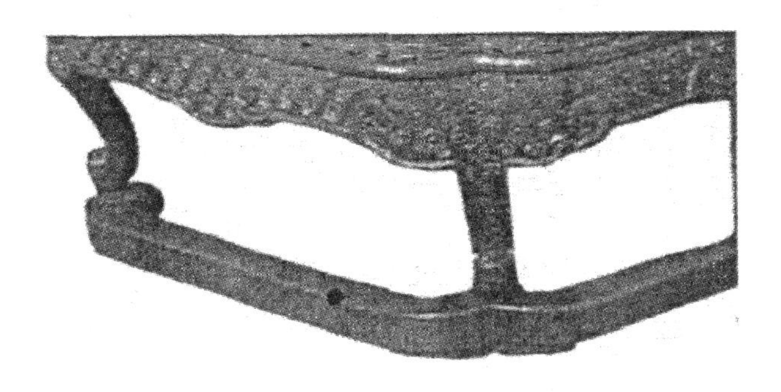

图 2-3-18　随形带龟足托泥

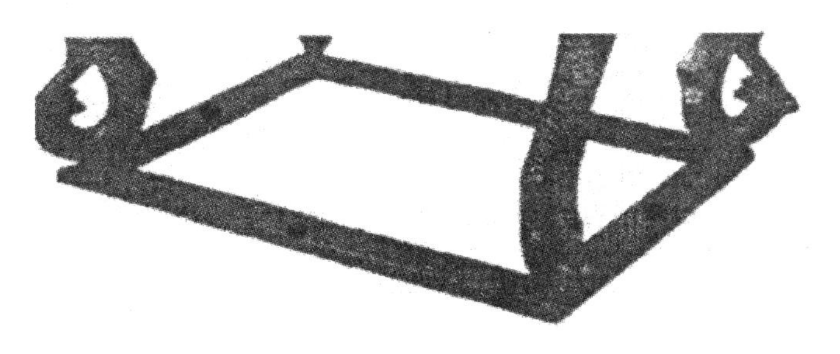

图 2-3-19　长方形托泥

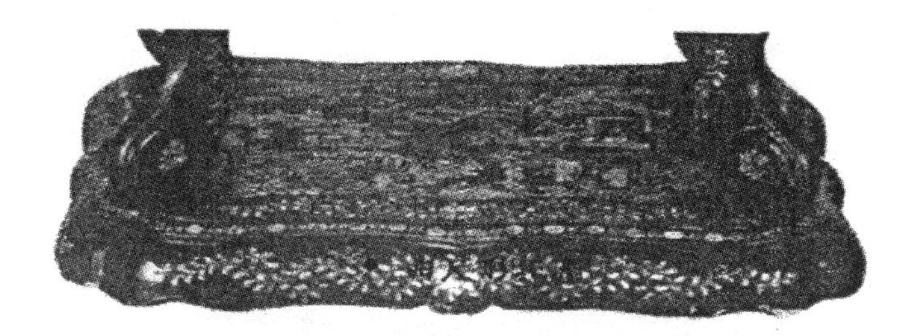

图 2-3-20　曲尺形托泥

图 2-3-21　双环套连式托泥

图 2-3-22　椭圆形托泥

图 2-3-23　曲形托泥

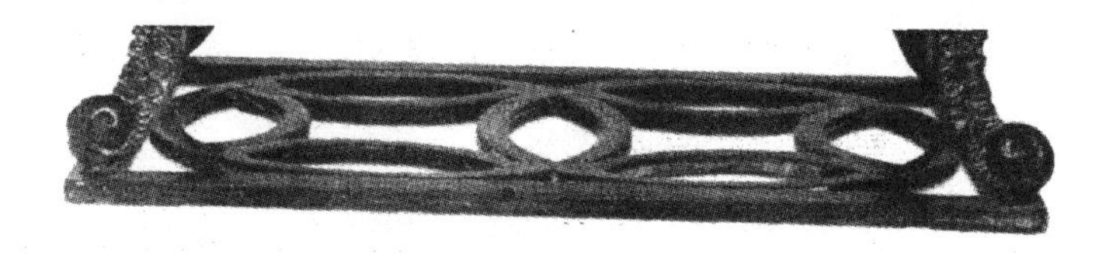

图 2-3-24　镂空双钱形托泥

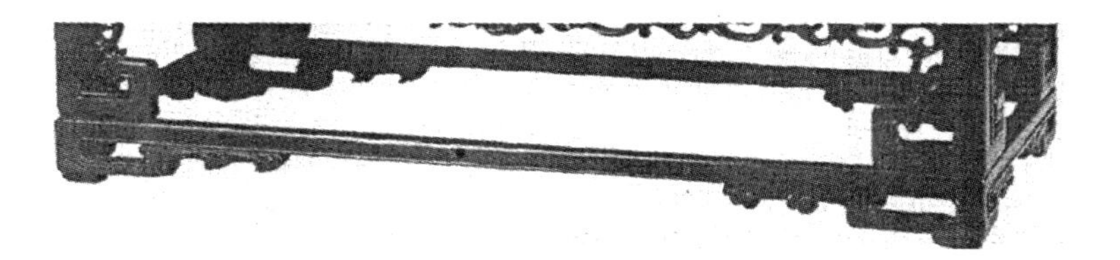

图 2-3-25　方形托泥带龟足

图 2-3-26　方胜形托泥

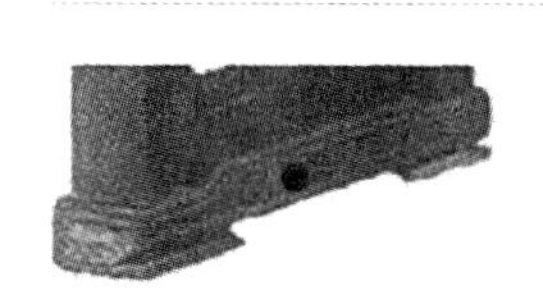

图 2-3-27　垫木型托泥

六、档板

档板，又称“档头花板”，是指镶嵌在桌子前后脚与水平脚之间的装饰性侧板。一般来说，档板的材质较厚，能起到加强框架的作用，使家具更加稳定。其制作方法是用一整块木板雕刻出各种图案，也可以用小块木头拼装，形式为云头纹、灵芝纹、卍字纹、龙纹等，起到装饰和强化结构的作用。[①]

图 2-3-28　各式档板造型

① 据张筠梓，中西方传统家具装饰图案的比较研究，2014 年

七、围子

围子最初是从档板演变而来的。围子应与屏风分开。屏风上的围子是屏风的主体，而在此讨论的围子通常出现在床榻类家具上。早在西周时期，人们就把屏风放在床后或旁边以防风。发展到东汉时期，床与屏风开始结合，床上有一个围挡，不仅起到挡风、倚靠的作用，而且能起到装饰作用。

宋元时期的床榻材质以木材为主，另有竹材、石材等。床榻上的围子有活动与固定之分。①

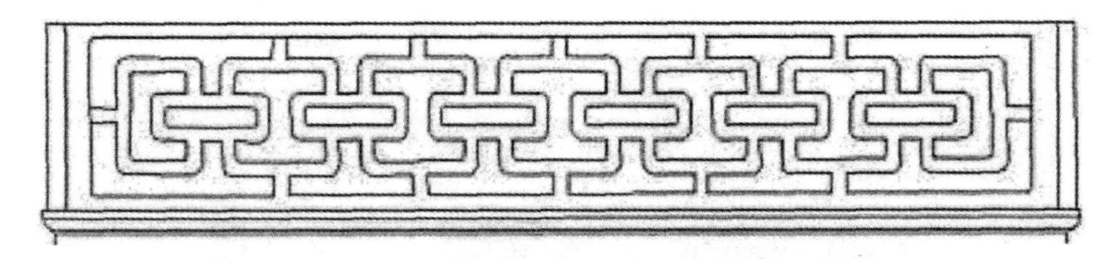

图 2-3-30　清代黄花梨罗汉床围子造型及纹饰

八、牙子

牙子又称替木牙子、托角牙子或倒挂牙子，多用在横杆与竖杆相交的拐角处，有的在两根柱子之间的横杆下设有长条，就像建筑中的“枋”，帮助横梁承受重力。根据其具体形状，牙子有云拱牙子、云头牙子、弓背牙子、棂格牙子、悬鱼牙子、流苏牙子、龙纹牙子、凤纹牙子等，这些牙子不仅能美化和装饰家具，而且可以起到加固、支撑作用。

牙子，如果安装在无腰家具的面板下，用来连接窄木板的两腿，称为牙板；如果安装在有腰带的家具上，是安装在腰带下，用来连接两个面板的木条，称为牙条。牙子可用于家具的不同部位：有站牙，用于衣架、灯架、屏风家具；挂牙，又称角牙，嵌在家具内的上、侧齿；紧咬牙，用于椅子前腿内侧和桌腿内侧的直杆，上端与枨和短柱组成一组构件；勒水牙子，为牙条的一种，北京匠师称披水牙子，是一种安装后呈斜坡状的牙子；托角牙，即三角形的牙子；券口牙子，是一种只装上部和左右两侧，不装下部的牙子；圈口牙子，是在大边与抹头组成的方框内安装的四根牙子；裹腿牙子，又叫裙牙，指牙子采用裹腿做法，一圈牙子位于腿的外侧，犹如裙子一般。②

---

①② 据张筠梓，中西方传统家具装饰图案的比较研究，2014 年

图 2-3-31　素牙板

图 2-3-32　花牙

图 2-3-33　镂雕花牙

图 2-3-34　裙牙

图 2-3-35　券形壶门牙子

图 2-3-36　挂牙（角牙）

图 2-3-37　圈口牙子

图 2-3-38　牙头

图 2-3-39　挂堂肚牙板

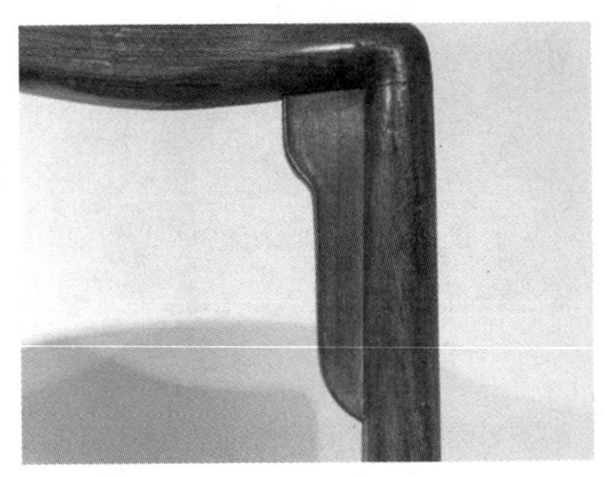

图 2-3-41　角牙

图 2-3-42　托角牙子

九、靠背

当人们坐在椅子上时，靠背是承托脊椎的部分。靠背造型和装饰的多样性与椅子的造型、类型和使用者年龄密切相关。明清时期的椅子大多属于硬木家具，用料选用珍贵的硬木，如黄花梨、紫檀、铁力木、鸡翅木等，靠背装饰大多采用浮雕、雕刻等工艺，装饰主题丰富，层次分明。[①]

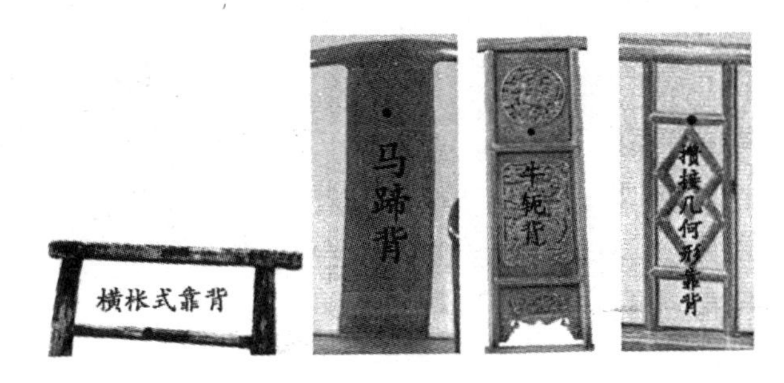

图 2-3-43　各式椅背造型

① 据张筠梓，中西方传统家具装饰图案的比较研究，2014 年

十、扶手

扶手是安装在椅子两侧的部件。所有带有此类部件的椅子都称为扶手椅。扶手的后端与后角柱连接，前端与前角柱连接，中间装有一个连接杆。如果椅子的前腿没有穿过椅子表面，则需要安装“鹅膀儿”。扶手的形式多种多样，包括弯曲、笔直、平坦和倾斜等不同类型。清代家具采用屏风椅围、靠背、扶手等多功能框架板，可随意进行各种装饰。因此，这些椅子所用的板子在清代是两面的，可雕刻、镶嵌或绘制各种图案，表现出强烈的装饰效果。①

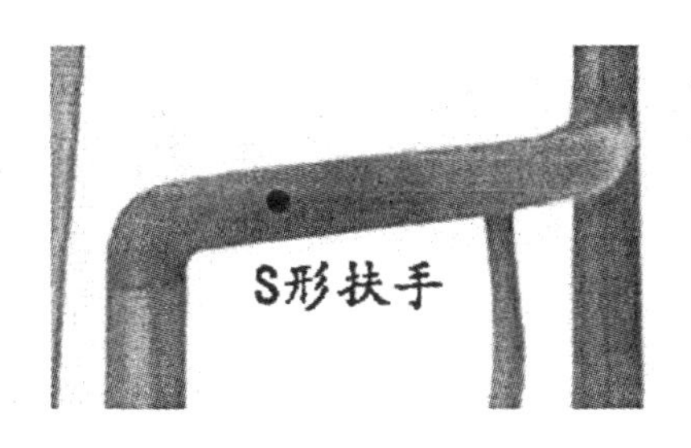

图 2-3-45　各式扶手造型

图 2-3-46　窗横灯笼锦式扶手

图 2-3-47　卷云形扶手

十一、开光

开光是指家具上开有可以透光的各种纹样的空洞，如案儿的腿足、绣墩的腹部等处。这种做法不仅可以减轻家具的重量，打破整板的单调和大面积的板面，而且增加了家具的美感。②

①②　据张筠梓，中西方传统家具装饰图案的比较研究，2014 年

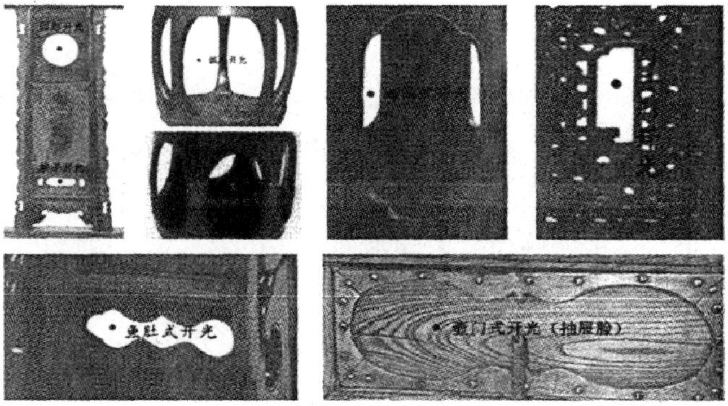

图 2-3-50　开光造型

十二、枨子

家具上的“枨”是“支柱”的意思，指横向安装的小木料，主要起加固作用。枨又分横枨（直枨）、罗锅枨、霸王枨、管脚枨（又称踏脚枨、落地枨）、十字枨、裹腿枨等多种形式。横枨，是用于连接两腿的横向构件，用料较小，是最常见的一种枨子；用一根的称为单枨，用两根的称为双枨。此外，有些枨安装在面板下面，外面看不见，称为“暗枨”。罗锅枨，即横枨的中间部位比两头略高，呈拱形，现在南方匠师还有称其为“桥梁档”的。霸王枨是一种弯曲状的枨棍，它不是安在家具的腿足间，而是连接腿足内侧与桌面的构件。管脚枨是安装在椅子、桌子等家具四条腿下方的横枨，因靠近足部，故名管脚枨。管脚枨前枨低、两侧横枨略高、后枨最高的做法叫“步步高”管脚枨，有“步步高升”的吉祥寓意。[①]

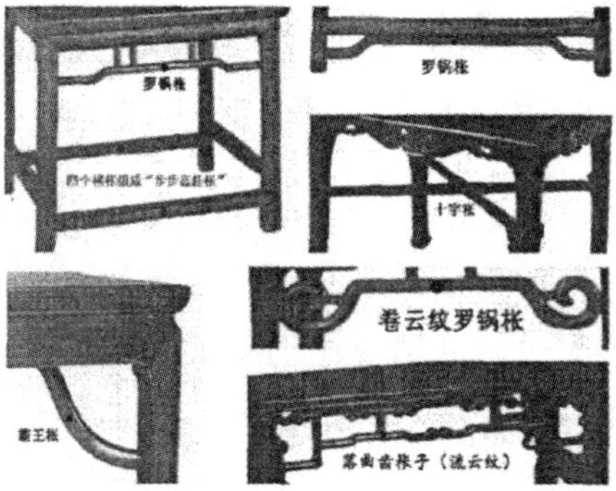

图 2-3-51　各式枨子造型

① 据张筠梓，中西方传统家具装饰图案的比较研究，2014 年

十三、券口

券口是三面牙板互相衔接而成的，中间留有亮洞。券口多为壶门式、鱼肚式、长方形、圆形、海棠形等。壶门式券口和其他券口的区别是没有下边那道朝上的牙板。[①]

图 2-3-52　壶门券口

图 2-3-53　鱼肚式券口

十四、联帮棍

联帮棍，又称镰刀把，是明清扶手椅臂下部与椅面中部之间的连接件。联帮棍首先出现在元代的圆背椅上，后在明清两代的椅子上流行起来。明代家具上的联帮棍通常是用白铜做的，而清代家具上的联帮棍通常是用黄铜或法式玻璃做的。[②]

①② 据张筠梓，中西方传统家具装饰图案的比较研究，2014 年

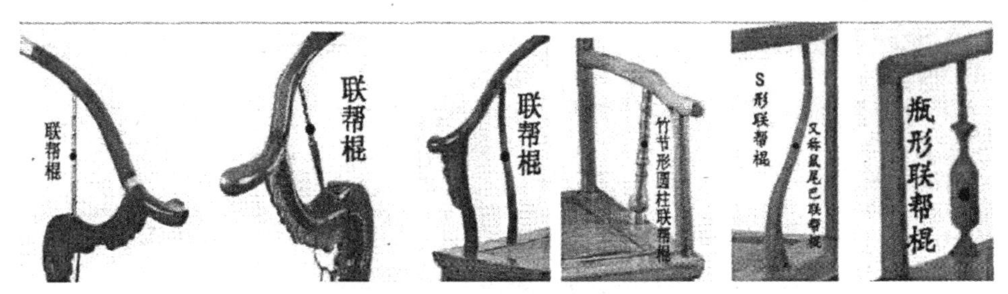

图 2-3-57　各式联帮棍造型

十五、矮老、卡子花

矮老专门指桌案、凳椅、床榻等面板下横档上，或上牙条与下横枨之间起支撑作用的小立柱，因其不高又细小而得名。此外，有的落地博古架与橱柜的腰间或底部也装有矮老。矮老通常为圆柱形，可单件使用，也可两件为一组使用，长边用两组，短边用一组。

卡子花，又叫结子，指卡在两条棂条之间的花饰，是一种被美化过、图案化的矮老，用途与矮老相同。多数卡子花是用木材镂雕的纹样，也有用其他材料，雕刻成各种各样的图案，如嵌玉卡子花、方胜、卷草、云头、玉璧、铜钱、双套环、单环等。矮老与卡子花是装饰明清家具的重要部件。①

图 2-3-58　各式矮老造型

① 据张筠梓，中西方传统家具装饰图案的比较研究，2014 年

图 2-3-59　各式卡子花（结子）造型

十六、裙板

裙板通常出现在屏风的下部，或架子床、台阶床门周的下部。裙板是由有许多档板、栅栏组成的环板。裙板多采用紫檀木、黄花梨、黄杨木、楠木等材质，采用措接及漆工艺手法。①

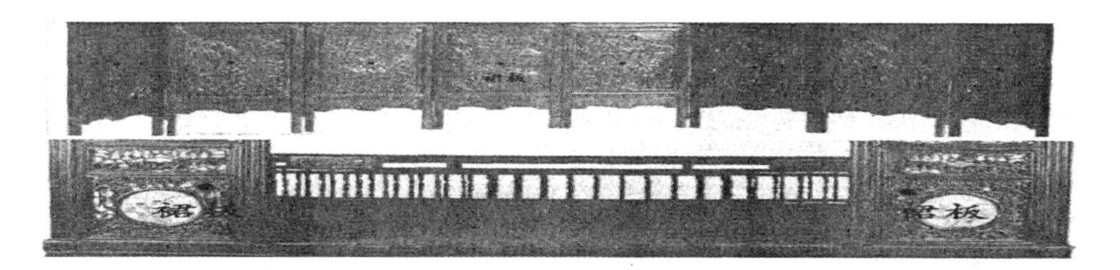

图 2-3-60　各式裙板造型

① 据张筠梓，中西方传统家具装饰图案的比较研究，2014 年

第三章　传统木作的制作技艺

第一节　测量、定向的工具与工艺

一、规和矩

（一）释“规”

《毛诗·小雅·沔水》郑玄笺曰“规者，正圆之器也”，《荀子·劝学》“其曲中规”，《韩非子·饰邪》说“设规而知圆”，可见规是画圆或校正圆的工具。古代车工曾用规来制作木车轮。《墨子·天志上》“譬若轮人之有规”，曹丕《车渠碗赋》“夫其方者如矩，圆者如规”。规也指圆，《广韵》“规，圆也”。规用作动词时指画圆，《国语·周语下》“其母梦神规其臀以墨”，注“规，画也”。又可引申为法度，《说文》“规，有法度也。从夫从见”，陆云《赠顾骠骑诗·有皇》“规天有光，矩地无疆”。张衡《东京赋》“乃营三宫，布教颁常。复庙重屋，八达九房。规天矩地，授时顺乡”。

（二）释“矩”

矩本作巨，像一只手拿一本尺。《说文》“巨，规巨也。从工，象手持之。榘，巨或从木、矢。矢者，其中正也。”它本是工匠所用之具，《楚辞·离骚》“勉升降以上下兮，求矩矱之所同”，又“偭规矩而改错”，王注“圆曰规，方曰矩”。《荀子·赋篇》中说“圆者中规，方者中矩”。后引申指法度，《尔雅·释诂》“矩，常也”。《广韵》“法也，常也”。由于它发明早，且是工匠必备器具，所以早在春秋时代的文献中，就常用矩做比喻。《论语·为政》：“七十而从心所欲，不逾矩。”注云“法也”。

（三）规矩的功用及发展

1. 规矩的作用

《孟子·离娄》：“不以规矩，不能成方圆。”又云：“规矩，方圆之至也。”可见规矩的主要作用是“正方圆”。矩用作动词，也指划刻标志。《周礼·考工记·轮人》：“凡斩毂之道，必矩其阴阳。”

2. 规矩的发展

母系氏族中晚期的住房，平面方、圆的误差有的很小，是徒手放线所不易达到的。规矩准绳可能就是在原始社会生产实践中产生的。《史记·夏本纪》载，大禹治水，“左准绳，右规矩”，说明规矩已应用于水利工程，也说明规矩的发明要早于夏初。殷商甲骨文中有“正河”的记载，正河即指兴修水利工程，当时的城堡、房屋建筑的规模也很大。从河南偃师二里头遗址挖掘出来的商代宫殿遗址看，台基面积就有一万平方米，墙基很直，柱孔排列整齐，分布均匀[①]。这样大型的建筑，必须通过测量才能建造完成。商代已普遍使用车子，仅在河南安阳殷墟就几次发现车子的遗迹[②]。制车也必须经过精细测绘和必要计算。

奴隶制社会高大宫殿的修建，也要求有必备的营造器具。《周礼·考工记·轮人》中说“圜者中规，方者中矩，立者中县，衡者中水”，在建筑施工中，正是由于应用了规矩准绳这些测量器具，才使得高大宫殿群在形体和组合上得以保持端正的几何关系，梁枋榫卯的结合才得以吻合无误。规矩准绳的产生与我国早期数学思想以及工程实践是有相当大的关系的。《汉书·律历志》说：“夫推历生律制器，规圆矩方，权重衡平，准绳嘉量，探赜索隐，钩深致远，莫不用焉。”

原始的“矩”在甲骨文中也有一定的反映。甲骨文中“巫”字，作，可以看作是使用规矩的表现，而规矩正是掌握圆（天）方（地）的工具。巫在商代王室中有重要的地位，史籍中有名的商巫有巫成、巫咸、巫彭等。《说文》：“巫，祝也，女能事无形，以舞降神者也。象人两袖舞形。与工同意。”有人认为，即巫者所用的道具之形[③]。周法高引张日异曰：“窃疑字象布策为巫之形，乃巫之本字。……筮为巫之道具，犹规矩之于工匠，故云与巫同义。”

---

① 中国科学院考古研究的二里头工作队. 河南偃师二里头早商宫殿遗址发掘简报[J]. 考古，1974(2)：234-248.
② 中国科学院考古研究所安阳工作队. 安阳新发现的车马坑[J]. 考古，1974（4）：24-28.
③ 于省吾. 甲骨文字集释. 中央研究院历史语言研究所专刊（50）.

《说文》：“工，巧饰也。象人有规矩也，与巫同意。”又巨下云：“规巨也，从工，象手持之。”许慎似知巫之本义，所以工巫互解，而工即矩。矩是工匠用以画方、画圆的工具。所以，巫以矩为基本工具[①]。《周髀算经》：“‘请问数安从出？’商高曰：‘数之法出于圆方。圆出于方，方出于矩……’……‘请问用矩之道？’商高曰：‘平矩以正绳，偃矩以望高。覆矩以测深，卧矩以知远。环矩以为圆，合矩以为方。方属地，圆属天，大圆地方。……是故知地者智，知天者圣。智出于句，句出于矩。大夫矩之于数，其裁万物惟所为耳。’”如果这句话代表的是古代的数学思想，那么矩便是人们认识天地的工具。矩可以用来画方，也可以用来画圆，用这工具的人便是知天知地之人。而巫正是扮演着这个角色[②]。

杨树达《积微居小学述林·释工》：“许君谓工象人有规矩，说颇难通，以巧饰训工，殆非朔义。以愚观之，工盖器物之名也。《工部》巨下云：‘规矩也，从工，象手持之’。按工为器物，故人能以手持之，若工第为巧饰，安能手持乎……以字形考之，工象曲尺之形，盖即曲尺也。”再看矩字金文，在周早期青铜器铭文中矩尊作，伯矩作，周中期矩叔壶作，春秋作，战国作，与许说“象手持工形”相合。小篆从“矢”为人形之讹变。“夫”与“大”同为人象。矩叔壶分离之作，省人形，则为。矩可以为“方”，甲骨文（一期前七·一·二）（一期粹二零六）（一期佚二九六）（五期前二·五·一）并释为方。金文作（天亡毁）（不期毁）（毛公鼎）（春秋石鼓）[③]。《六书故》：“匚：器之为方者也，取象于巨，匚省文。《说文》曰：‘匚，受物之器。象形。’匠籀文……按曲可受物，匚形侧，非受盛之器。”《字汇》：“《六书正讹》本古方字，借为受物之器。”

从以上巫、方、匚等字形可以看出，它们的共同点是都有，表明”巫”、“方”都与“巨”即“矩”有关系。矩之状已不得而知，但如果金文矩是个象形字，那么早期的矩便是形，用工字形的矩可以“环之以为圆，合之以为方”，而规字又未见于甲骨文，似说明早期“规矩”是一件原始工具，后来规从矩中分化出来。

青铜器师望鼎有铭文，《殷墟契前编·卷二》亦有一字作，结构与鼎同，像手持规器画作圆形。有学者疑其即是规之古文[④]。即器之歧足，旋之以成

---

① 张光直．谈琮及其在中国古代文明史上的意义．文物出版社成立30周年纪念论文集．北京：文物出版社，1987.

② 张光直．中国青铜时代（二集）．北京：三联书店，1990.

③ 高明．古文字类编．北京：中华书局．1980

④ 胡吉宣．《玉篇》校释．上海：上海古籍出版社，1989.

圆规，今画圆之器正是如此。《一切经音义》引《通俗文》云：“圆为规。”规之器，画圆有定形而不变异，故引申为法度义，与方用矩、直用绳同理。

到春秋战国时期，规已是一种常见工具，人们对规的性质已有了相当的认识。墨子指出各种工匠“为圆以规”，并说“圆，一中同长也”“规写交也”“同长，以正相尽也。”“楗与框之同长也。”“中，同长也”“心，自是往相若也”[①]。指出制圆的方法是用圆规的一脚抵住圆心，用另一脚画出圆周的轨迹，令其构成一封闭的曲线。“同长”是指两个事物跟一个共同的标准相比，完全相合。“正”指标准，《大取》：“权，正也。”“中”指圆心，从圆心出发到圆周的距离都相等。墨子在确定“同长”和“中”的定义后，在此基础上给圆下了定义。墨家还从“同异交得”的辩证思想出发，根据木工制图的经验，发现一个圆的圆心可以转化为另一个圆的圆周的点《考工记》：“筑氏为削，合六而成规。”包含有等分圆周的概念。

魏晋时期刘徽发明割圆术计算圆周率，开创了圆周率计算的新纪元。他计算出的圆周率为3927/1250=3.1416，今称“徽率”。《九章算术》通过圆内接正3072边形面积的严密计算，得到圆周率的近似值为3927/1250。南北朝时祖冲之计算出的圆周率约率为22/7，密率为355/113[②]。到北宋，这些数学研究成果又被应用于工程实践。《营造法式·看详·取径圆》：“若用旧例，以围三径一、方五斜七为据，则疏略颇多。今谨按《九章算经》及约斜长等密率修立下条……”对比表3-1-1，可知当时的技术精度。事实上，对于大木的操作，《法式》所载的这种精度已足够。今木工尚有“周三径一不径一，方五斜七不斜七”之诀，意即圆周近似直径的三倍，方形的斜边与直边的比约为7 ：5，其精度也不过如此。

墨子说：“百工为方以矩。”早期文献中所载之矩有“为方”之能，但无刻度，它只能用以测量角度，不能用以度量尺寸。上引《周髀算经》“用矩之道”中所说“环矩以为圆，合矩以为方”，也表明圆、方都可用矩画成。《墨经·经说上》：“方，矩相交也。”故“合以为方”之矩，当为等边L形，这可能是春秋战国时代矩的变化形态。安徽省博物馆藏1933年寿县朱家集出土战国楚铜矩，是目前国内所见最早的矩。两边均长23.2厘米，正合战国一尺，无刻度。与此同地出土的有铜刀、铜斧、铜锯等大量木工工具。这件铜矩与文献记载是相符的。

---

① 分引自《墨子·经上》和《墨子·经说上》，后者按高亨校.

② 诸家. 算经十书. 钱宝琮，校点. 北京：中华书局，1963.

春秋战国时各种工匠要制造“万物”，离不开矩。从工匠用矩做方的技巧中可总结出方的定义，如《经上》：“方，柱、隅四杈也。”《经说上》：“矩写（相）交也。”柱是边，隅是角。方是用矩做出的四边相等、四角均为直角的封闭图形。《墨经·经下》以方为例，说明判定两几何图形是否相等的方法：“合，与一或复否。”意谓检验两图形是否相合时，以两图形跟第三个事物即共同标准相比较，看它们是否重叠，若完全重叠则相等，若不完全重叠，则不相等。

表 3-1-1 《营造法式》径、围、斜长关系

《营造法式》原文	《营造法式》换算比	今换算比	备注
圆径七，其围二十有二	径：圆 =7 ：22=1 ：3.143	径：圆 =1 ：3.1446	正方形
方一百，其斜一百四十有四	边：斜长 =1 ：1.41	边：斜长 =1 ：1.414	
八棱径六十，每面二十有五，其斜六十有五	边长：内径：外径 =1 ：2.4 ：2.6	边长：内径：外径 = 1 ：2.414 ：2.613	
六棱径八十有七，每面五十，其斜一百	边长：内径：外径 =1 ：1.74 ：2	边长：内径：外径 = 1 ：0.866 ：2	
圆径内取方一百中得七十有一	圆径：边长 = 1 ：0.71	圆径：边长 = 1 ：0.707	
方内取圆径，一得一	边长：径 =1 ：1	边长：径 =1 ：1	

《荀子·不苟》：“五寸之矩，尽天下之方也。”又“圆者中规，方者中矩。”《吕氏春秋·分职》：“巧匠为宫室，为圆必以规，为方必以矩，为平直必以准绳。”可见，先秦时的矩与规已分化为两件工具。矩的尺翼与尺柄同长，约一尺，似也有两边皆为五寸即半尺者。

矩的另一个重要功能是确定角度，早在春秋时就已用于实践。《考工记·冶氏》：“倨句中矩。”倨指钝角，句指锐角，“倨句”就是角的意思。矩指直角，为锐角与钝角之分界。《考工记·车人》：“车人之事，半矩谓之宣，一宣有半谓之欘，一欘有半谓之柯。一柯有半谓之磬折。”郑玄《释估》曰：“矩，

法也，所法者人也。人长八尺而大节三：头也、腹也、胫也：以三通率之，则矩二尺六寸，三分寸之二也。广五方也。”矩是工匠量定直角的曲尺，因而它也用作角度单位，合今90度，它的一半叫宣，合今45度。《说文·木部》：“欘，斫也，齐谓之兹镆（锄）；一曰斤柄，性自曲者，从木属声。”锄与斤与其柄间成锐角，故欘借用为角度单位，一欘合一宣半，即今67.5度。柯的本义为斧柄，斧与柄之间的夹角一般成钝角，故柯借指角度单位，计算合101.25度。磬折的本义为磬的顶角，当时的工匠曾以此角度编磬，至春秋后期它的编制逐渐定型化，故也借为角度单位，合151.88度。矩、宣、欘、柯、磬在春秋末期，成为当时工程上实用的一套角度定义。后世宣、欘、柯等角度概念逐渐消失，矩的概念却始终长盛不衰。《考工记·冶氏》：“是故倨句外博。”倨句指钝角或锐角。

东汉墓壁画常有伏羲、女娲的形象，有的一持规，一持矩，如嘉祥武氏墓群石刻（图3-1-1），规作十字形，一杆上有小拐，便于旋转，推测其为榫合式；矩作L形，并有一较小斜杆，应是起固定的作用，这种矩至今尚用（图3-1-2）。在重庆沙坪坝石棺的伏羲女娲石刻中，伏羲右手执矩，也为L形；女娲左手执规，为一杆状物，似为原始的规，或为东汉时规的另一种形式（图3-1-3）。其他石刻中也有类似的情况，如盘溪后壁付息女娲石刻（图3-1-4）。汉以后的女娲伏羲图中，多见二脚规，但二脚规所画的圆是有一定限度的，如魏晋时木棺彩画伏羲女娲图，伏羲所执规的形式已是等长的二脚规状；女娲所执矩为L形，一边长一边短。新疆维吾尔自治区博物馆藏唐代伏羲女娲图，女娲所执为两铁叶制成的二脚规，伏羲手中所执为L形曲尺，且尺翼之长约为尺柄的二倍，无斜杆（图3-1-5）。该图中所画的工具与今无异，后世都有使用。明代《三才图会》中所录的规，是一类似洞箫的木条，上有数个小眼，操作时以尖端固定，另一端可能装画铅，按使用的半径画出圆来（图3-1-6）。画大圆时的规，要用到绳，这应是新石器时代就已掌握了的技术，今也有使用。

图 3-1-1　嘉祥武氏墓群石刻[①]

图 3-1-2　近世木工规

图 3-1-3　重庆沙坪石棺伏羲女娲石刻[②]

图 3-1-4　盘溪后壁伏羲女娲石刻[③]

① 资料来源：《文物》1979（7）.
② 资料来源：《文物》1977（2）.
③ 资料来源：《文物》1977（2）.

图 3-1-5　新疆维吾尔自治区博物馆藏的唐伏羲女娲图[①]

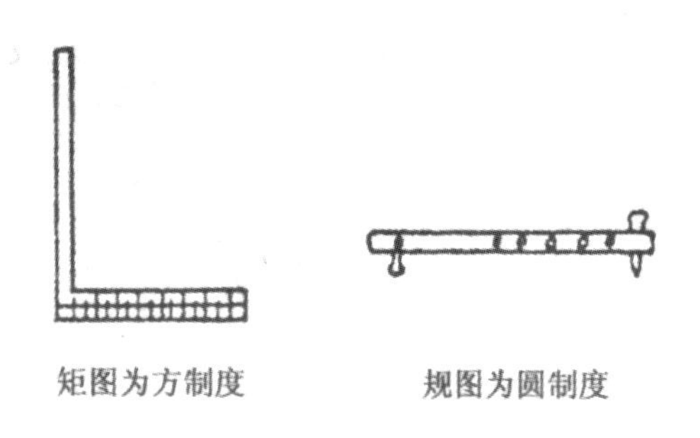

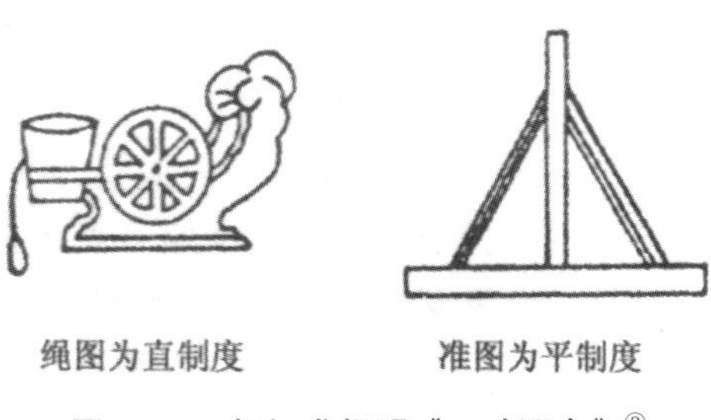

图 3-1-6　规矩准绳明《三才图会》[②]

《周髀算经》卷上记载："……故折矩以为句广三，股修四，径隅五。既方之，外半其一矩，环而共盘，得成三四五。两矩共长二十有五，是谓积矩。故禹之所以治天下者，此数之所由生也。"因此，勾股定理的发明与矩的使用是分不开的。大约到了汉代，矩与尺结合起来，出现了有刻度的矩尺，产生了新的测量工具。前引《周髀算经》中"用矩之道"曰："平矩以正绳，偃之以

① 资料来源：《中国美术全集》.
② 据李浈，中国传统建筑木作工具，2015.

望高。覆矩以测深，卧矩以知远。环矩以为圆，合矩以为方。方属地，圆属天，天圆地方。”记述了矩的六种功能，包括用矩来测量目标远近、高低的各种方法，全面概括了秦汉以后矩的发展及功用。为了满足实际需要，后来又出现了两边不等的矩。中国历史博物馆藏汉代的铜矩尺，边长分别为 22.5 厘米和 37.6 厘米，两边不再等长，已由矩发展为矩尺。这件矩尺与汉武梁祠画像石、沂南汉墓画像石中女娲手中的矩尺形制是大体一致的。

图 3-1-7　敦煌早期壁画伏羲女娲图[①]

自汉以后，矩尺的形制未见有大的变化，但在尺度上，历代会有一些差异。矩尺上一尺之长，一般多以各朝的营造尺为准。南北朝梁时的鎏金凤矩尺，尺翼长一尺。中国历史博物馆藏 1921 年河北巨鹿出土北宋故城一木尺，一端有榫口，证明是矩尺的一边，长 30.91 厘米，尺分十寸，半寸处有刻度，其精度为 0.05 尺。可见宋代矩尺的尺柄刻度已与常用线纹尺无异。此形制的矩尺因使用方便，一直沿用至今。不过，今江浙沿海一带称曲尺为鲁班尺，其一尺长约在 27 ～ 29 厘米左右。这种尺度，与宋代的浙尺相合，可能就是这种尺度的沿用。

汉代的矩尺还可应用于天文领域，圭表尺（天文尺）得以发明。南京博物院藏 1965 年江苏仪征石碑村东汉墓出土的铜圭表尺，测影时将一端有孔的表与地面垂直，由于太阳在不同季节出没方位和正午高度不同，可通过观测日影确定方向和时间，进而求算周年常数，划分季节和编制历法。因夏至这天正午太阳几乎直射北回归线，所以这天我国白昼最长，正午表影最短；反之，冬至这天白昼最短，正午表影最长。实际上，这种用法等于以一边（表）和一锐角（光线与表的夹角）确定一直角三角形。因此，可以把圭表尺看作是一件随时可以改变边长的矩尺[②]。

① 资料来源：《文物》1978（12）.
② 刘东瑞. 矩和矩尺. 文史，第十辑：238.

曲尺之称始见于唐代。《甘泉赋》注："钩，曲尺也。"《和尔雅》："曲尺是匠家所用，乃李唐尺也。"北宋《营造法式·取正之制》："用曲尺较令方正。"明代《事物绀珠·器用》："曲尺，为方。"曲尺今又名矩尺，它的尺柄上是有刻度的，显然，它的前身是无刻度的矩。至迟在南宋时，在我国南方一些地方，曲尺（矩尺）又与鲁班尺配合使用：《事林广记》称曲尺为"飞白尺""其尺只用十寸一尺"，将十寸冠以星名，并引《阴阳书》曰"一白、二黑、三绿、四碧、五黄、六白、七赤、八白、九紫"，其使用"压白"的方法，说："惟有白星最吉……不论丈尺，但以寸为准，一寸、六寸、八寸乃吉。纵合鲁般尺，更须巧算，参之以白，乃为大吉。俗呼之'压白'。"实践使用时合"九紫"称小吉，亦可用。总之，尾寸数为1、6、8、9时为吉，所以这种压白尺法也称为"紫白法"。天一阁藏本明代《鲁班营造正式》录有曲尺，上载："曲尺者有十寸，一寸乃十分。凡遇起造、经营、开门、高低、长短、度量皆在此上，须当凑对，鲁般尺，八寸吉凶相度，则吉多凶少为佳，匠者但用仿此。"此尺六寸和八寸分位上六标记有"六白"和"八白"[①]，并有诗曰："一白惟如六白良，若与八白亦为昌。不将般尺来相凑，吉少凶多必主殃。"有浓厚的迷信色彩，但所述却是与《事林广记》一致的。根据记载，压白尺大致流行于江南和东南沿海地区。另据研究，压白尺法可分为"尺白"和"寸白"，分别决定尺和寸。一般来说，宫殿庙宇及大型民居尺白、寸白都讲究；普通民居只讲寸白，如《鲁班经》所言；而潮州地区，其原则又是"尺白有量尺白量，尺白无量寸白量"。此盖与建筑规模大小与匠师流派有关。

《三才图会》"矩图，为方制度"，绘有L形曲尺，尺柄长一尺，上有刻度十寸，每寸又分半分。明万历版《鲁班经》中用曲尺划线，是相同或相近的构件为一组，一起划出，这样可以保证加工时的准确性[②]。清《河工器具图说》所绘的曲尺，尺翼约为尺柄的两倍，并有45度斜尺，斜尺上无刻度。但文中曰其制"形如勾股弦式，惟微长，便于手取。股长一尺五六，弦长尺四。勾长一尺，分寸注明勾上"。勾相当于尺柄，股相当于尺翼，其功用很大，"凡制木器，合角对缝，非此物不为功"。

---

① 按《阴阳书》有一白、六白、八白，故一寸处当还有"一白"。

② 陈建军. 压白尺法初探. 华中建筑，1988（2）：47

二、准和绳

（一）绳与定直

1. 释“绳”

《说文》：“绳，索也。”《玉篇》：“市长切，索也，直也，度也。”《广韵》：“直也，又绳索，俗作绳。”绳的称谓一直沿用至今。

绳是古代一种测量距离、引画直线和定平用的工具，是早期度量及校正工具之一。《易·系辞》下：“上古结绳而治。”《世本》：“倕作规矩准绳。”宋忠曰：“绳所以取直也。”表明在原始社会绳就被古人所使用，它的“定直”性能也较早地为人们所认识。《诗·大雅》：“其绳则直。”传云：“言不失绳直也。”《广雅·释诂三》：“绳，直也。”

绳很早就用于木工操作。《尚书·说命上》：“木从绳则正，后从谏则圣。”《荀子·劝学》：“木直中绳，輮以为轮。”当然，大型的土木、水利工程等也要用到它。战国时墨子说百工“直以绳”，即工匠取直，要以拉紧的直线为标准，并在此基础上提出关于直线性质的另一条规律：“直，参也。”（《经上》）意即同一条直线上的三个点，必有一点介于另外两点之间。又《经说上》：“圆无直”，就是说圆不能通过同一直线上的三点。明《事物绀珠·器用》说：“绳，所以为直。”后世瓦工用红土荷包，使小线穿过颜色即可弹线。木工所用者，后世称墨斗，使小线通过一盛墨的木斗，以染色弹线。今施工放线，也是古代绳的沿用。绳又引申为直、正之义。《逸周书·武纪》：“不可以枉绳。失邻家之交。”朱右曾校释：“绳，直也。”《吕氏春秋·离俗览》：“绳，正也。”其使用要与准配合进行，后也引申为准则、法度。《商君书·开塞》：“王道有绳。”汉董仲舒《春秋繁露·五行相生》：“执绳而制四方。”

2. 墨斗

约在春秋或更早年代，匠人即用绳濡墨打出直线，古称“墨”或“绳墨”。《礼记·经解》：“绳墨诚陈，不可欺以曲直；规矩诚设，不可欺以方圆。”《孟子·尽心上》：“大匠不为拙工改废绳墨。”《荀子·儒效》：“设规矩，陈绳墨，便备用，君子不如工人。”《太平广记》卷八四引唐薛用弱《集异记·奚乐山》：“有奚乐山者，携持斧凿，诣门自售，视操度绳墨颇精。”绳墨的作用是使“循绳而削”，引申为修正、修改。唐韩愈《南阳樊绍述墓志铭》：“其富若生蓄，万物必具，海含地负，放恣横从，无所统纪。然而不烦于绳削而自合也。”明胡应麟《少室山房笔丛·艺林学山八·艺林伐山》：“有伐山者，有伐材者。伐材者已成之柱，略加绳削而已；伐山则蒐山开荒，自我取之。”清谈迁《与霍鲁斋书》：“幸逢鸿匠，大加绳削。”

战国时工匠还用“赭绳”，因色赤，故称。《商君书》：“赭绳束枉木。”表明当时多种打线方法并存。明杨慎《艺林伐山》则曰：“古之匠人用赭绳，即今之墨斗也。”

墨斗也叫墨斟，早期未见出土实物，最早的记载见于宋代沈括《梦溪笔谈·技艺》：“軎文象形，如绳木所用墨斗也。”吉，指车轴头（图 3-1-8）。但是，墨斗的发明应当早得多。

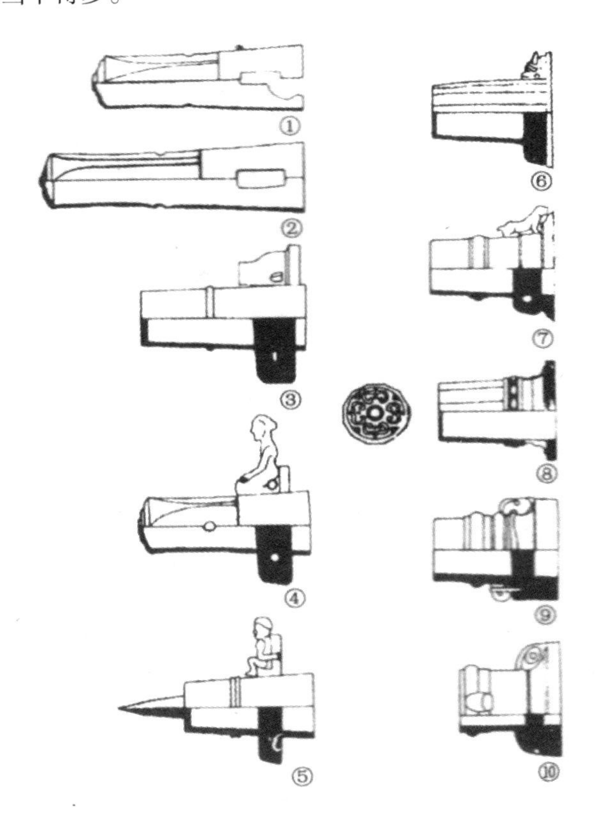

① 商，安阳孝民屯出土　②、③ 西周早期，长安张家坡出土　④ 西周中晚期，洛阳出土　⑤ 春秋，户县出土　⑥ 春秋，新野出土　⑦ 战国，辉县出土　⑧ 战国，江陵出土　⑨ 秦，始皇陵出土　⑩ 西汉，满城出土

图 3-1-8　古代的軎和吉

注：①商，安阳孝民屯出土；②、③西周早期，长安张家坡出土；④西周中晚期，洛阳出土；⑤春秋，户县出土；⑥春秋，新野出土；⑦战国，辉县出土；⑧战国，江陵出土；⑨秦，始皇陵出土；⑩西汉，满城出土。

根据古代中日文化和技术交流的历史，日本现存正仓院紫檀银绘小墨斗及银平脱龟造船墨斗，或可看出隋唐时中国墨斗的遗影（图 3-1-9）。这两个墨斗都是用整木制成，它们的墨井并不大，线轮较宽，置于后端开口槽中。在战国时我国已发明滑轮，到汉代已普遍使用。在当时的认识水平和雕刻技术条件下，制造墨斗当不成问题。因此，汉代所谓打制“绳墨”的工具，可能已具备今墨斗所有的墨井和线轮。在敦煌 285 窟西魏早期壁画伏羲女娲图中，伏羲一手执矩，右手执一绳，下悬墨斗，一端圆、一端方，绳似绕在绞柄上（图 3-1-7），与今木工操作相同。

元李冶《敬斋古今黈》卷八：“又闻墨斗谜云：我有一张琴，一弦藏在腹。莫笑墨如鸦，正尽人间曲。”河北磁县南开河村元代木船址曾出土有铁墨斗一件，由一圆桶体和一方箱组成，长 11.2 厘米，高 4.6 厘米[①]。《事物绀珠·器用》释墨斗为“涵绳”。《三才图会》中所绘的墨斗，类似今南方板柄式墨斗，线车和墨井都是独立的构件，置于柄的一边，一前一后，板柄的后端高凸，刻有云纹。万历版《鲁班经》所见墨斗也为南方常用的组合样式。《河工器具图说》中所绘墨斗的形态，线车套于一架上，架固定于墨井上，较为简易，其文中所述，也是组合式：“凡匠人断木分片，必先用墨线墨笔弹划方能正直。墨斗多以竹筒为之，高宽各三寸许，下留竹节作底筒，边各钉竹片，长五寸，中安转轴，再用长棉线一条，贮墨汁内，一头扣于轴上，一头由竹筒两孔引出，以小竹扣定，用时牵出一弹，用毕仍徐徐收还斗内。墨笔亦取竹片为之，其下削扁，用刀劈成细齿以便醮墨界画。”

清初重修紫禁城时所用的墨斗至今犹存，尺度不大，前端的墨井呈方槽形，中央置一小线轮，装设在一槽内，外表只露出轮子的上缘，外有似辘轳般的把手，后端高凸并饰以云纹，整个外皮都覆以铜皮保护[②]，沿用的还是北方的整雕做法。墨斗一直沿用至今。王汶石《大木匠》曰：“窗前有一张木桌，桌上摆着墨斗、曲尺、土白纸。”今南北墨斗所存在的差异（北方整雕式、南方板柄组合式），在明代已表现得较为清楚，可能这是宋元以后分化的结果，抑或这两种体系很早就开始并存。20 世纪二三十年代，日本人染木煦曾在我国东北调查过墨斗等工具。他所见的墨斗由一整木雕成，形式厚重，正是我国北方常见的式样。此墨池（井）不大，下有底座，线轮约有一半是露在外面的。日本民俗学者国分直一曾在台湾调查船工工具，其中也有一墨斗，其外形像船，似还有底座。但限于资料，目前对墨斗的发展轨迹还不能进行更为详尽的探讨。

① 磁县文化馆. 河北磁县南开河村元代木船发掘简报. 考古，1978.
② 李乾朗. 台湾传统建筑匠艺. 台北：燕楼古建筑出版社，1995.

3. 悬绳取正

我国早在新石器时代晚期即有测影定向法的端倪。商代时已使用表臬、臬等）来测定方向，并在天文测量中广泛使用。《诗经》中曾描述周人的先祖公刘用表测绘。据当时的天文测量精度，可以推测，表垂直与否是很关键的，其校正之法必已用到悬绳。用悬绳进行校正的方法就是《周髀算经》所谓“以绳系表颠”。“悬绳取正”在春秋战国的文献中多见记载。墨子说百工“正以悬”，即工匠要以悬垂的直线为标准。《经下》：“倚者不可正，说在剃。”《经说下》：“背、拒、牵、射，倚焉则不正。”搬运物品的车梯，攻城的云梯都有倾斜面，叫倚。《经下》：“正而不可担，说在抟。”《经说下》：“无所处而不中县，抟也。”《说文》：“团，圆也。”正与倚是相对的。可见当时已经对重垂线的特性有了更深入的认识。悬绳取正之法至为简单，并无一定的器形，一根绳子的端头系一重物，在重力的作用下，被拉直的绳子必垂直地面。

《考工记》：“水地以县，置臬以县。”前句指应用悬绳，配合水地法定地平，后句则指树立表杆测影定向，也以悬绳校正，古代称为槌。《字林》：“槌，时钏切，垂臬望也。”广州秦汉造船工场遗址曾发现木垂球，方锥形，上端如方榫形凸起，已残断。残高 5.8 厘米、宽 3.5 厘米。可能是造船时取垂直用的吊线工具[①]。《匡谬正俗·音字》：“今山东匠人犹言垂绳视正为槌也。”[②]宋代《营造法式》也曾多次提及悬绳校正，其用法基本上同于《考工记》。不过，《营造法式》中还提及了用望筒和悬绳校正方向的技术，即在夜晚将望筒对准北极星，在望筒两端悬绳垂下，引至地面，连接此二点即可确定南北正向（天文子午向），用这个方向与白天日中的最短日影（也是天文子午向）相校比参照。相对《考工记》，《营造法式》测量精度有一定的提高。宋元以后，我国开始使用指南针定，日渐少用景表测影法，但悬绳的定直功能及使用技术却流传至今。

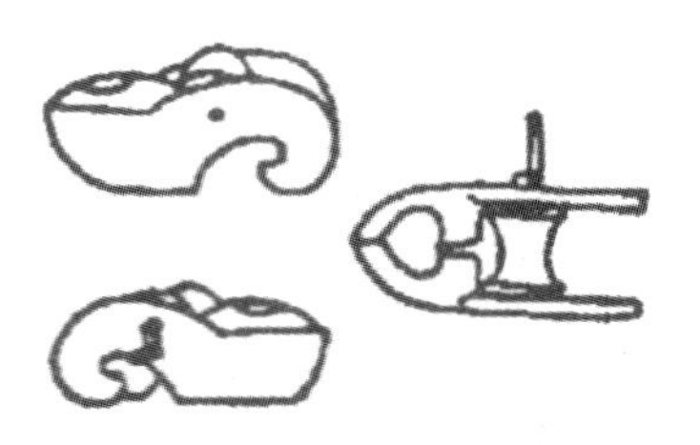

图 3-1-9　紫檀银绘小墨斗[③]

---

① 广州市文物管理处等. 广州秦汉造船工场遗址试掘. 文物，1977（4）：1 ～ 17.
② 转引自《营造法式·看详》.
③ 资料来源：《图说日本木工具史》.

（二）准与定平

1. 释“准”

准的本义是平。《易·系辞》上：“《易》与天地准。”郑玄注：“中也，平也。”韩康伯曰：“以准天地也。”《礼记·祭义》：“推而放诸南海而准。”郑玄曰：“准，犹平也。”

最早的准盖来源于绳。《汉书·律历志》：“绳直生准，准正则平衡而钧权矣。……准者，所以揆平取正也。”注：“立准以望绳。”是以“绳尺”也称“准篗”：《后汉书·崔骃传》附崔篆《慰志赋》：“协准篗之贞度兮。”注：“准，绳也；篗，尺也。”

约从商代起，匠者以水为“准”，后又配合悬绳校正，其法一直沿用至近世。《庄子·天道》：“水静则明烛须眉，平中准，大匠取法焉。”《管子》：“准坏险以为平。”《释名》：“水，准也。准，平物也。”《说文》：“准，平也，从水，隹声。”段注：“谓水之平也。天下莫平于水，水平谓之准。”《广雅》：“水，准也。”《疏证》：“《管子·水地篇》云：‘水者，万物之准也。’”《白虎通义》云：“水之为言准也，养物平均，有准则也。”水与准，古同声而通用。《考工记·辀人》：“辀注则利准，粟氏权之然后准之，故书准亦作水。”《玉篇》：“准，平也。”《集韵》：“准，平也。”《事物绀珠·器用》：“准，所以为平。”

约从唐代起，称“准”为“水平”。《考工故书》作：“准，水，水平日准”，因而制平物之器亦谓之准。

准之“平”义，后世也引申为“度”“均”。《尚书》《左传》：“准，万里之平。”郑玄曰：“准，度也。”《广雅》：“准，均也。”《切韵》：“准，度也。平，准也。”

2. 古代的水准仪

继古法以绳定平，人们又进一步发现可以用静止的水面作为基准来进行水准测量。据上文引《庄子·天道》知，当时的人已知水静则平，并发明了以水取平即所谓的“水地”法。此法在商代已有使用。据考证，癸在甲骨文中作，象以水测平的水沟体系之形。“其测平之法为先挖直交之二条干沟成X形，再在沟之两端挖直交之小沟，遂成形，灌水其中，即可测地面之水平。故癸字本义即为‘测度水平’，为‘揆’之初义。故《说文》训：‘癸，冬时水土平可揆度也，像水从四方流入地中之形。’”[①]20世纪二三十年代殷墟考古的第

① 温少峰，袁庭栋. 殷墟卜辞研究——科学技术篇. 成都：四川省社会科学院出版社. 1983

13 次发掘中，也曾经发现据推测是泥水匠用水测平的干沟和枝沟[1]。

墨子说百工“平以水”，是指工匠取平以小范围的静止水面为标准。《经上》：“平，同高也。”前引《周礼·考工记》中记载：“水地以县，置槷以县，眡以景”，县即悬，槷（臬）即表，指使用水池法时也要用到悬绳。这与商代的癸形水沟相比有了进步，可能是原始的“水平仪”，但其形制未详。汉代用的表（臬），实际就是标尺。据《史记·河渠书》，汉代在兴建渭水至黄河长达 300 余里的漕渠时，曾令齐人水工徐伯进行水准测量，“表”与“水”是配合使用的。那时的水准测量已有相当高的准确度。

据《隋书·天文志》，北魏永兴四年（412 年），晁崇和斛兰主持制造的“太史候部铁仪”“南北柱曲抱双规，东西柱直立，下有‘十字水平’，以植四柱，十字以上，以龟负双规”。此十字水平就是底座上的十字形沟，灌上水以后用以底座的水平校正。因此，有人认为《考工记》所述的原始水准仪上承商代十字水沟遗制，下开铁制浑仪十字水平仪先例，它可能也是一种十字水平仪[2]。据郑注《考工记》：“于四角立植，而县以水，望其高下。高下既定，乃为位而平地。”对照《隋书》所载（上引）知，汉代所用的应是这种十字水平仪。南北朝时祖暅还在日晷的圭面上设沟盛水，以此定水平。

到唐代，李筌在其所著的《太白阴经》卷四中，比较详细地记述了古代水准仪——“水平”。“水平槽长二尺四寸，两头中间凿为三池，池横阔一寸八分，纵阔一寸深一寸三分，池间相去一尺四寸，中间有通水渠，阔三分深一寸三分，池各置浮木，木阔狭微小，於池空三分，上建立齿，高八分，阔一寸七分，厚一分。槽下为转关脚，高下与眼等，以水注之，三地浮木齐起，眇目视之，三齿齐平，以为天下准。或十步，或一里，乃至十数里，目力所及，随置照板度竿，亦以白绳计其尺寸，则高下丈尺分寸可知也。照板形如方扇，长四尺，下二尺，黑上二尺，白阔三尺，柄长一尺，大可握度，竿长二丈，刻作二百寸二千分，每寸内刻小分，其分随向远近高下立竿，以照版映之，眇目视之，三浮木齿及照板黑映齐平，则召主板人，以度竿上分寸为高下，递相往来，尺寸相乘，则水源高下，可以分寸度也。”

这在设计上是独一无二的。根据一条直线上两点的原则，罐内有两个浮动圆木。第三个是多余的吗？假定池内浅水不可避免地会导致浮木搁浅；由于杂物进入池内而引起的浮木塞，或由于运河阻塞而引起池内水位不均衡，会导致浮木前后齿边缘实际上不水平，而观察者不易察觉，因此在中间加第三浮木将

---

① 李亚农．殷代社会生活，欣然斋史论集．上海：上海人民出版社，1962

② 闻人军．《考工记》译注．上海：上海古籍出版社．1993.

起到仪器自检的作用。因为如果存在上述任何故障，把这三个点连成一条直线是不可能的。加第三浮木确保了仪器性能的可靠性。三种浮木的形状、尺寸和木材质量应完全相同，以使它们获得相同的浮力，并确保垂直齿水平连接。垂直齿之间的间隙使观察者能够看到两个浮动木齿的尖端远离自己，水槽容易检查和调平，观察底片的黑白边界不容易出错。①

这种水平受“日力所及”，所测者“或十步或一里乃至十数里”。其精度，“高下浅深皆可以分寸度之”。“水平”在后人的著述中多有转载，至宋代，曾公亮、丁度在《武经总要》前集中还绘出了水平的立体图（图 3-1-11）。该图也被后人不断转载，但此图有误，其立齿互相都处在同一直线上。

北宋《营造法式》卷三也录有“定平之制”，用在定向之后。作者李诫说，其法正与《经》《传》合，是对传统的继承：“既正四方，据其位置于四角各立一表，当心安水平。其水平长二尺四寸，广二寸五分，高二寸。下施立桩，长四尺（安鐏在内）。上面横坐水平，两头各开池，方一寸七分，深一寸三分（或中心更开池者，方深同）。身内开槽子，广深各五分。令水通过于两头，池子内各用水浮子一枚（用三池者，水浮子或亦用三枚），方一寸五分，高一寸一分。刻上头令侧薄，其厚一分，浮于池内，望两头水浮，桩子之首遥对立表处，于表身内画记，即知地之高下（若槽内如有不可用水处，即于桩子当心施墨线一道，上垂绳坠下，令绳对墨线心，则上槽自平与用水同。其槽底与墨线两边用曲尺较，令方正）。”②

图 3-1-10　《武经总要》照板图

① 宋鸿德，张儒杰等编著．中国古代测绘史话．北京：测绘出版社，1993

② 据李浈，中国传统建筑木作工具，2015

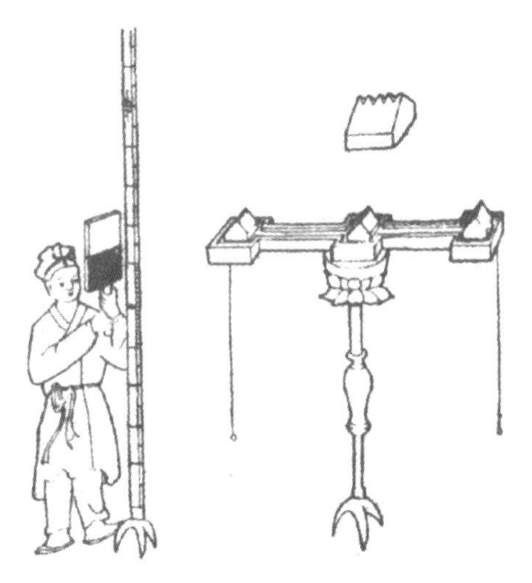

《武经总要》中“水平”“照板”正确用法

图 3-1-11　《武经总要》插图

可以看出，与唐代相比，“水平”制造略有简化，使用两个水池，也有使用三个水池的，但使用方法基本相同。北宋时期对其标定方法进行了改进，开始使用垂直钢丝绳。因为“水平”与桩垂直，所以当垂直线与桩中间的墨线重合时，上部的凹槽是平的。

《营造法式》还记有“真尺”定平校正之法，表现出与前代的不同：“凡定柱础取平，湏更用贞尺较之。其贞尺长一丈八尺，广四寸，厚二寸五分。当心上立表，高四尺（广厚同上）。于立表当心自上至下施墨线一道，垂绳坠下，令绳对墨线心，则其下地面自平（其真尺身上平处，与立表上墨线两边，亦用曲尺较，令方正）。”

梁思成先生曾对《营造法式》所载的水平、真尺、望筒等制作过复原图（图3-1-12）。真尺是对汉时圭表的发展。用真尺和水平共同校正，误差当小得多，后世这两种方法共存。明代《三才图会》所绘的准，与此真尺相类，唯底尺较短。明版《鲁班经》中称之为“定盘真尺”，其操作方法与宋代相同。直到今天，北京木工还在用与真尺相类似的攀爬尺。它不仅用于平整，也用于砌砖。

元沙克什《河防通议》中也有“水平”，用二池或三池，引自《营造法式》。清完颜麟庆《河工器具图说》中的“水平”，制作较粗糙。使用两块硬木制作外框，深入槽内。周边区域全部连通，然后在中央凿水池，左右两侧各凿一个槽，宽度和深度与一般槽相同，便于水的连通。在槽内放置，在槽两端各放置一个与中心宽度和长度相同的浮筒。然后在中间开两个方形水池。根据中心的宽度和深度，三个水池应放置在槽中。当三个浮筒开始悬浮时，浮筒手柄的顶部将变平。如果有高或低的水平，那将是不公平的。

可以看出，其测平之法仍是对唐代方法的继承。但对其精确度却有客观的记述：“但用在五六丈之内尤准，若多贪丈尺，转属无益。”①

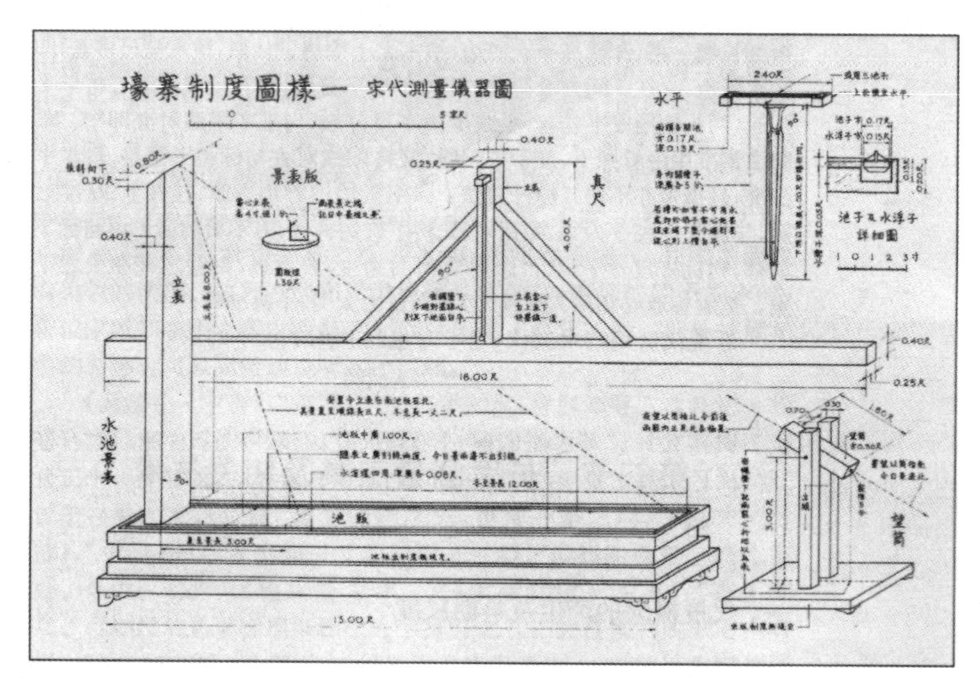

图 3-1-12 《营造法式》所载的测量仪器复原图

水平的操作，以清代文献中所记为详。《河工简要》有“水平看法”，《乡言解颐》有“测平之法”，此外还有“旱平法”。

近现代所用的水准仪，定平时也利用了水平的原理。

三、长度测量工具及相关技术

（一）尺度的发展

1. 早期尺度

考古研究表明，至少在新石器时代，原始人就有了长度的概念并掌握了简单的计算方法。在西安半坡遗址，有方形或矩形半洞室早期民居，两侧相等，后期地面建筑仍然是正方形或长方形的，建造这样的方形建筑应该是经过计算

① 资料来源：《〈营造法式〉注释》

的。这样的方形建筑中大多数木板的宽度为 15 厘米，约等于人手的长度。由此可以推断，当时人们用最简单方便的标尺法来测量建筑材料。另外，河姆渡遗址发现了大规模的干篱笆建筑工地，成排的木桩“相互平行”且“间距相等”。此外，在木质构件中采用榫卯结构，还发现了圆木砌成的井架①，这都需要更复杂和细致的长度测量。

从我们祖先的编织、绘画和工具制造中可以看出，当时应该有一定的标准。古人的测量应是以人体的某些部位为自然标准，这是尺度发展的初始阶段。人种学研究为这一观点提供了证据，例如，中国云南的独龙族有四个长度单位：一拳之高称为“空姆”；一拃即中指到拇指的距离称为“布达”；两臂平伸，其长称为“弟兰姆”（汉语古代称为“庹”，《字汇补》“庹，音托，两腕引长谓之庹”）；中指尖到鼻尖的距离称“棒敦拃”，即一半“弟兰姆”之长。短的东西都是用拳头来衡量的，而长的东西则是用“德拉姆”来衡量的。西双版纳的基诺族有七个基于人体尺寸的自然长度单位。傣族的长度单位也都来自人体，一只胳膊的长度，大肘、小肘、食指的长度，手指的宽度，手掌的宽度等②。西藏也有类似的长度单位。这些方法在后世也有应用。长度单位的名称也可以间接地解释这个问题。

《大戴礼·主言》：“布指知寸，布手知尺，舒肘知寻。”《礼记·投壶》：“筹，室中五扶。”“铺四指为扶，一指为寸。”《公羊传·僖公三十一年》：“肤寸而合。”何休注：“侧手为肤，案指为寸。”可见“寸”源于一指之宽，而“肤拃”则为四指之宽，也即一拳之高。《说文·寸部》：“寸，十分也，人手却一寸动脉谓之寸口。”即指距腕部一指之宽处为寸口。今中医切脉，犹称此处为寸。又《大戴礼记·主言》：“布手知尺。”可以知道尺子的最早标准来自于手的长度。故宫博物院有一把骨尺，长 16.95 厘米，据说是从安阳殷墟出土的。中国历史博物馆和上海博物馆藏有象牙尺，分别长 15.78 厘米和 15.8 厘米③。最早传下来的营造尺只有 15 到 17 厘米长。在今天的农村地区，人们常常用手来进行一些不精确的测量。例如，一个村妇比较猪的大小时，会用“拃”丈量猪头到猪末端的尺寸。

“咫”是由尺派生出来的。《说文解字》：“妇手为咫，人长为丈。”《说文·尺部》：“咫，中妇人手长八寸谓之咫，周尺也，从尺只声。”可见“咫”也起源于人手量物，咫较尺短，盖以妇女一拃为标准。

---

① 浙江省文物管理委员会. 河姆渡遗址第一期发掘报告. 考古学报，1978（1）：42—45.
② 汪宁生. 从原始计量到度量衡制度的形成. 考古学报，1987（3）：294—295.
③ 国家计量总局. 中国古代度量衡图集图（1、2）. 北京：文物出版社，1981.
福颐. 传世历代古尺图录. 北京：文物出版社，1957.

“寻”为两臂平伸的距离，《大戴礼记·主言》：“舒肘知寻。”《小尔雅·广度》：“寻，舒两肱也。”《说文·寸部》：“寻，度人之两倍为寻，八尺也。”而“仞”，《说文·人部》：“仞，伸臂一寻八尺。”然又有七尺之说。如《礼仪·乡射礼》郑注：“七尺曰仞，八尺曰寻。”据研究，寻与仞同源于双臂平伸量物，其发生差异在于“度广曰寻”（《方言》卷一）和“度深曰仞”（《左传·昭三十二年》杜预注）《论语·子张》：“夫子之墙数仞”《尚书·旅獒》：“为山九仞”。仞皆指高度或深度，若量深度时有必要侧身而量，故仞确应较寻略短[①]。仞还有其他说法[②]，此处从略。

“丈”，《说文·夫部》：“夫，从大，周制以八寸为尺，十尺为丈，人长八尺，故曰丈夫。”又《说文解字·十部》：“丈，十尺也。”

《小尔雅·广度》：“跬，一举足也；倍跬谓之步。”《尔雅·释宫》疏引《白虎通》：“人践三尺法天地人，再举足步备阴阳也。”可知步为二次举足，每次定为六尺，每跬为三尺。《汉书·食货志》：“六尺为步，步百为亩。”《史记·索隐》：“周秦汉而下，均以六尺为步。”测较长的距离及确定土地面积用步较为方便。现在人们进行粗测时亦多用步。

汉代以后，常用的长度单位有引、丈、尺、寸、分，递为十进，称为“五度”。里、步等单位转用于亩制；寻、常、仞、咫等渐渐不用[③]。在中国先民早期的建筑实践中，他们应该经历过以一定的人体尺寸为标准的阶段，早期洞室民居、半洞室遗址和地面建筑规模不大，除材料加工能力和施工工艺的因素外，还直接受人体尺寸的影响。

除了人体尺寸，古人也常借用常用的生产工具和日常用品作为测量标准。例如，生产工具“斤”也用作重量单位，农具和脚镣被用作货币单位。在测量长度时，古人也会使用其他东西，比如绳或索。《笺》云：“绳者，营其广轮方制之正也。”《大戴礼·主言》：“十寻为索。”索也是一个长度单位的名称，它的起源应和早期用绳索量物、记事有关。生活中的习用之物都可以用来临时量物。这种度量之法也通用于建筑工程实践。《考工记·匠人》：“室中度以几，堂上度以筵。”又云：“周人明堂，度九尺之筵，东西九筵，南北七筵。”几、筵大小古时有定制，并以此为单位来确定建筑的总尺度，这是沿袭古老的习惯。古代还用弓来测量长度。《仪礼·乡射礼》：“侯道五十弓。”郑注：“六尺为弓”，弓之古制六尺，与之相应。可见弓固定为六尺之长，与一步相等。唐

---

① 程瑶田．通艺录·度数小计．清刻本．

② 如《小尔雅·广度》：“四尺谓之仞，倍之谓之寻”；《汉书·食货志》颜注引应劭说，仞为五尺六寸，等等．

③ 吴承洛．中国度量衡史．上海：上海书店，1984．

以后，以五尺为一弓[①]。

关于度量衡的记载最早见于《尚书·舜典》[②]。《史记·夏本记》说禹“声为律，身为度，称以出”，又说黄帝“设五量”，少昊“利器用，正度量”等，反映了古人对衡量与平衡的探索。随着计量的发展，计量单位逐渐趋于稳定，出现了各种专用仪器（如尺、斗等），进一步保证了计量的准确性。据此，人们在原始社会后期已经懂得数数，对图形有了初步认识，能够进行简单的测量和初步的建筑布局。到了夏商时期，手工业已成为一个独立的经济部门。西周时，手工业比较多元化，被称为“百工”。从商代出土的精美青铜器和城墙、宫殿来看，当时已经有比较一致的长度、容量、重量计量器具。商代营造尺出现的确切年份虽不能确定，但该时期已经有营造尺。这些实用的尺子也被用来测量建筑物。

2. 标准尺的确定及历代尺度的变化

在长期的音乐实践中，人们发现曲调与管的长度有着密切的关系。一定长度的管子会发出固定的声音。因此，标准管被人们当作标定刻度的依据。在《管子》《淮南子》《史记·律书》等书中，详细记录了确定法定管段长度的方法。在《汉书·律历志》中，进一步阐述了如何用谷子法将长度、重量、体积和节奏的基本量联系起来

西周以，度量衡器具已发展得比较完备，并被统治阶级重视和利用。《礼记·明堂位》：“六年，朝诸侯于明堂，制礼作乐，颁度量，而天下大服。”周时已有掌管度量衡的官职，在中央颁发度量衡的官员称为内宰，掌管国家统一标准器的官员叫“大行人”，检查度量衡和道路建设标准化的官员叫“合方氏”。在地方还有掌管度量衡事务的“司市”，执行度量衡检查工作的官员称为“质人”[③]。《考工记》中也有关于卣氏制造量器的记载。

就“度（长度）”而言，最早的营造尺是由木头或象牙制成的，它们容易腐烂，很少被后代保存。安阳曾出土了几把象牙尺子，尺子上有鳞，尺寸 25.4 厘米。目前，最早的铜尺出现在战国时期。例如，1931 年由南京大学收藏的河南洛阳出土的铜尺，长 23.1 厘米，宽 1.7 厘米，厚 0.4 厘米[④]。春秋战国时期，

---

① 《旧唐书·食货志》：“凡天下之田，五尺为步。”《清会典》：“起度，则五尺为步。”

② 《尚书·舜典》：“岁二月，东巡守，至于岱宗．柴．望秩于山川．肆觐东后．协时月正日，同律度量衡。”

③ 《周礼·天官·内宰》：“凡建国，佐后，立市，陈其货贿，出其度量。”又“大行人，王之所以抚邦国诸侯者，十有一岁，同度量，同数器”。（《天官·大行人》）“合方氏，掌达天下道路，同其数器，壹其度量”。（《夏官·合方氏》）“会聚买卖，质人主为平定之”，“巡而考之，犯禁者，举而罚之，市中成贯，必以量度”（《周礼·地官·质人》）。

④ 中国古代度量衡图录编辑组．中国古代度量衡图录（文字说明）

兵器的重量和度量非常复杂。不仅王室有不同的度量衡，各国官员也有不同的度量衡制度。商鞅曾统一了秦国度量衡的标准尺，其 1 尺为 23 厘米。汉代的标准尺与秦代的标准尺基本相同。据出土文物和文献记载，汉代标准尺的长度从 22.8 厘米到 23.4 厘米不等，大多是 23 厘米。综上，秦代统一度量衡，促进了度量衡的发展，有助于巩固中央集权，为中国封建社会 2000 多年来度量衡的统一奠定了基础。

从秦商鞅变法到汉，标准尺基本不变。后来，尺度逐渐扩大。从东汉末年到隋朝，尺度增长了近 30%。三国时，魏尺已达到 24.17 厘米[①]。在中国古代，标准尺的制定和使用会影响到邻国。例如，在日本发现的六世际左右的垂直洞穴民居和古墓葬的比例设计中，有使用金尺（约 24 厘米）的痕迹[②]。唐代度量衡有大小两制，小的只限于“调钟律，测晷影，合汤药及冠冕之制”。（《唐六典·金部郎中》《唐会要·太府寺》）唐代以后，尺度变化相对较小。丝绸尺是宋代的常用尺，也是宋朝政府颁布的标准尺，又称省尺、官尺，长 31.1 厘米。赵与时《宾退录》：“省尺者三司布帛尺也。”清冯桂芬《请定步弓尺寸公牒》云：“匠尺即宋三司尺。”[③]（表 3-1-2）

表 3-1-2　历代长度标准变迁简表[④]

单位：厘米

朝代	夏以前	商	周	秦西汉	新莽	魏西晋	东晋	隋	唐五代	宋元	明	情
长度	24.88	31.10	19.91	27.65	23.04	23.04 23.75	24.12 23.04	29.51 23.55	31.10	30.72	31.10	32.00

宋代还有浙尺和淮尺等地方尺。浙尺长 27.43 厘米，淮尺长 34.29 厘米。程大昌《演繁露》谓：“官尺者与浙尺同，仅比淮尺十八，而京尺又多淮尺十二，公私随事致用。”京尺和营造尺一尺四寸，即 41.15 厘米。上述这些都是地域尺度，非全国通行[⑤]。

一般说来，历代营造尺有三种制度：一种是法治，即规范的营造尺，是为历代营造尺量身定制的；二是建设制度，“即凡木工、刻工、石工、量地等所

① 杨宽．中国历代尺度考．上海：商务印书馆，1955.
② ［日］森浩一森．古坟凳掘．转引自：郭湖生主编．张十庆著．中日古代建筑大木技术的渊流及变迁的研究．东方建筑研究（上），天津：天津大学出版社，1992.
③ 杨宽．中国历代尺度考．商务印书馆，1955.
④ 注：本表资料取自吴承洛：《中国度量衡史》，第 66 页
⑤ 杨宽．中国历代尺度考．商务印书馆，1955．浙尺以 27．43 厘米推算。

用之尺均属之，通称木尺、工尺、鲁班尺等”[1]；三是布尺，也称裁缝尺或裁尺。后两者是常用尺。

中国的木工业因农业而蓬勃发展。周代建筑事业发达，为木匠和建筑制定了独立的制度。吴承洛的《中国度量衡史》是一部通史性的度量衡史著作。明朱载堉说道：“夏尺一尺二寸五分，均作十寸，仰商尺也。商尺者，即今木匠所用曲尺。盖自奋赛传至于洽，房人谓之大尺，由磨至今用之，名曰今尺，又名管造尺，古所谓车工尺。”韩苑洛《志乐》：“今（明）尺，为车工之尺最准，万家不差毫厘。昔鲁公欲高大其宫室，而畏王制，乃增时尺，招班授之，班知其意，乃增其尺，进于公曰：‘臣家传之尺，乃舜时同度之尺’。乃以其尺为度。木工尺本为舜时用度之尺，即夏横黍百枚古黄钟律度之制。至周时鲁班增二寸以为尺，乃合商十二寸为尺之制，即合夏一尺二寸五分之……木工尺自是一变，相传而下，无从变更。”据记载，春秋以前，木工尺为24.88厘米；春秋以后，木工尺为31.10厘米。

事实上，中国各地的木工所用的尺子并不完全一致，这并不是由使用中的磨损或继承错误造成的。从表3-1-3和表3-1-4可以看出，近代北方木匠使用的尺度是对“法制”的继承，而南方木匠则继承了地域传统或不同的工匠流派。

表3-1-3　南方部分地区所用的木工尺

单位：厘米

地域	苏州	杭州	上海	广州	厦门	莆田	潮州	福州	泉州
尺长	27.5	27.8	28.27	28.33	29.40	29.40	29.70	30	30

表3-1-4　北方部分地区所用的木工尺

单位：厘米

地域	济南	沈阳	长春	太原	大同	成都	西安	北京
尺长	30.3	31.37	31.47	31.60	31.60	31.80	32	32

当然，这也可能与宋代以后地方统治者的分化有关。根据1997年苏州宣庙关三清殿（宋代）维修设计测量资料，将该区域的尺寸换算成宋、明、清的标准尺（见表3-1-5）。相对而言，将其转化为地方尺寸更为紧凑，并在明（7.01米）、二级（5.79米）、轻微（4.88米）和福建（4.27米）尺度上按1.22米、

① 吴承洛．中国度量衡史．上海：上海书店出版，1984．此此处的鲁班尺，实即木工所用的普通尺，其长与曲尺尺柄之长同。此与下文用于度量门宽吉凶的鲁班尺不是同一概念。不过，直到近世，江南一带还称木工所用的曲尺为鲁班尺，看来它是一种俗语。

0.91 米和 0.61 米的规律递减。从操作和加工的方便性、计算和记忆的准确性以及古代工匠的认知能力等方面来看，本书认为古代建筑的整体规模是“整数系统”[①]。殿堂的顶檐由二等材料制成（12.7 厘米厚，20.32 厘米宽）。测得的长度大多为 16（个别 16 ～ 17）厘米，只与苏州的木工尺一致。因此，三清殿的建筑营造尺大概有 27.5 厘米长。据推测，这是宋代浙江的营造尺（27.43 厘米长），至今仍被使用。

表 3-1-5　玄妙观三清殿开间尺寸实测

单位：毫米

开间	西副间	西尽间	西稍间	西次间	明间	东次间	东稍间	东尽间	东副间	总面阔
柱顶中距	3840	4442	5225	5210	6368	5210	5225	4442	3840	43802
柱脚中距	3840	4450	5230	5230	6350	5230	5230	4450	3840	43850

再以我国南方几座宋元时代的建筑开间、进深尺寸为例，根据“整数尺柱制”的原则，建筑尺的范围限定在 23—32 厘米，用计算机计算整数（精确到 15.3 厘米）的实际长度，与表 3-1-6[②] 相当。

表 3-1-6　宋元时代几座建筑开间、进深尺度及营造尺

单位：厘米

开间、进深	上海真如寺大殿		金华天宁寺大殿		武义延福寺大殿	
	实测长	合营造尺	实测长	合营造尺	实测长	合营造尺
明间	612	19.5 ～ 20	616	19.5 ～ 20	458	14.5 ～ 15
尽间	372	122	328	10.5	196	6.5
前进深	513	16.5	465	15	295	9.5
中进深	550	18	493	16	365	11.5 ～ 12
后进深	267	8.5	314	10	203	6.5
营造尺长	31.3		31.3		31.3	

因此，这三座大殿的建筑营造尺长 31.1 厘米，这与吴承洛先生所说的是一

① 前人研究认为，《营造法式》材分制对建筑整体尺度并无直接的约束，唐宋辽建筑体现的是整数尺柱间制（当然也有可能出现半尺的情况）。参见：张十庆·中日古代建筑大木技术的源流及变迁的研究. // 郭湖生. 东方建筑研究（上）. 天津：天津大学出版社，1992. 当代建筑史界学者对此屡有提及。见：潘谷西. 《营造法式》初探三. 南京工学院学报，1983 年建筑学专刊；朱光亚. 探索江南明代大木作法的演进. 南京工学院学报，1985（1）；徐伯安，郭黛姮. 宋《营造法式》术语汇释. 建筑史论文集（六）. 1984.

② 计算机模拟程序设计由南京化工大学郭力冰女士承担，计算结果也都由她提供. 特此致谢。

致的。使用地方营造尺是一种偶然现象吗？它在多大程度上影响建筑物的比例构成？它的使用范围是什么？……这些需要更多的信息和更深入的研究。

3. 尺度与建筑

关于早期尺度，《说文·尺部》概括曰："周制，寸、尺、咫、寻、常[①]、仞诸度量皆以人体为法。"用以长距离测量的绳和短距离测量的尺，合称"绳尺"。五代谭峭《谭子化书·道化》："斫削不能加其功，绳尺不能定其象，何化之速也！"汉代《九章算术》使用的长度单位有寸、尺、丈、步、里等，寸、尺、丈为十进。《司马法》："六尺为步"，300步为一里。《汉书·律历志》云："度者……本起黄钟之长。以子谷秬黍中者，一黍之广，度之九十分。黄钟之长，一为一分，十分为寸，十寸为尺，十尺为丈，十丈为引，而五度审矣。"《九章算术》未使用分、引等单位，更未使用毫、厘。《礼记·经解》云："《易》曰：君子慎始，差若毫厘，缪以千里。"当时毫厘仅表示极微小的东西，并未作为长度单位。《汉书·律历志》有"度长短者不失毫厘"之语，"毫厘"被用作长度单位。王莽石斛上的铭文使用毫升和厘米。刘辉多用秒和忽作单位。忽、秒、毫米、厘米和分钟都是十进。

今木工所用的丈杆、五尺在先秦文献中已略见端倪。《国语·周语下》："夫目之能察也，不过步武尺寸之间；其察色也，不过墨丈寻常之间。"韦昭注："五尺为墨，倍墨为丈。"可见"墨"为半丈，即五尺。墨、丈、寻、常都是尺度单位。《汉书·律历志上》曰："用竹为引，高一分，广六分。"即是卷尺之制，汉代实有。

先秦时期的尺度和测量方法对建筑技术有一定的影响。战国时期，重要建筑物在施工前必须进行初步规划设计，并经政府批准。当时诏令铭文："有事者官图之，进退口法者死无赦。"由此可见，设计和施工均应按图纸要求进行。如有变更，应经政府研究批准，不得擅自变更。在《周礼·考工记·匠人营国》中记载的长度单位是"室中度以几，堂上度以筵，宫中度以寻，野度以步，涂度以轨"。要根据不同的位置选择不同的长度单位。河北省平山县钟其吉村中山王厝墓出土了战国时期的一幅错金银铜版兆域图，长94厘米，宽48厘米，厚约1厘米，反映了一处墓地的平面布局[②]。图的主要部分标有尺寸，图中有两个单位，分别是台阶和尺子。其中的人工建筑，如建筑物和坟墓，都是用尺量的。大厅和大厅之间的距离也用尺子测量。坟丘与宫院、宫院与宫院之间的距离是用台阶测量的。一些学者根据这些标记的尺寸推断出了战国时期1步为

① 《小尔雅·广度》："倍寻谓之常。"
② 河北省文物管理处. 河北省平山县战国时期中山国墓葬发掘简报. 文物，1979（1）

5尺的换算关系[①]。

《周礼·天官下·内宰》："内宰掌书版图之法"，郑注："图，王及后、世子之宫中吏官府之形象也"，可知王宫、后宫、世子宫、官府都有图。据《周礼·春官·冢人》，可知先秦时陵墓有图。早在秦灭六国的战争中就注意绘制建筑图。《史记·秦始皇本纪》："秦每破诸侯，写放其宫室，作之咸阳北阪上。"汉武帝在泰山建明堂时，也是按照图纸进行施工的。

度量衡的统一及工具和加工技术的进步，促进了秦汉时代建筑技术的发展。《史记·秦始皇本纪》："前殿阿房东西五百步，南北五十丈，上可以坐万人，下可以建五丈旗。"汉未央宫前殿："东西四十丈，深十五丈，高三十五丈。"王莽所建太初祖庙"东西南北各四十丈，高十七丈"。（《三辅黄图》）单体建筑规模的扩大必然导致建筑结构的革命，结构革命不可避免地对工具提出了新的要求。目前未发现汉代建筑的遗迹，但我们仍可以从汉阙和崖墓上的石雕中，看到很多当时的生活场景，不过也可以看出，当时所用的材料大多不规则。

唐宋以后，标准尺度基本趋于稳定。建筑结构构件尺寸采用建筑尺测量，其长度一般与曲柄尺相同。

（二）鲁班尺的使用

鲁班尺的记载最早见于南宋时陈元靓所编的《事林广记》。该书记载，鲁班尺的长度为官尺的一尺二寸[②]，并分为八等分，标以"财、病、离、义、官、劫、害、吉（也作本）"八个字，这八个字又是根据北斗星与辅星决定的。它主要用于"作门"，当然也用于其他一些"公私造作"。故鲁班尺又叫门光尺、门公（官）尺、门尺、八字尺等，且它的尺面上每寸都有相应的字句，因此它的用途除"度量"外，有时还可用于择日（图3-1-13）。操作时一般从财字量起，不论丈尺，但合吉寸则吉，遇凶星则凶。据《事林广记》，当时还有一种鲁班尺长一尺一寸，上面分作长短寸，用法盖与前一种相同[③]。例如，据宋官尺31.1厘米，前鲁班尺长37.32厘米，后鲁班尺长34.21厘米。南宋以后，鲁班尺的绝对规模有所增加，元明以后鲁班尺与官尺的转换关系趋于一致。它是官方营造尺的1.44倍，在现代仍被使用。[④]

---

① 傅熹年．战国中山王墓出土的兆域图及其陵园规制的研究．考古学报，1980（1）

② 有人认为，《事林广记》所述的鲁班尺，是引《淮南子》文，实即一般意义上的鲁班之尺，即营造尺。其长同唐大尺30．8625厘米；但它所述有八字的情况．系当时作者将八字尺和营造尺混淆所致。参见：
建军．关于"门光尺"——答英国Mr. H. W. Tang．古建园林技术，1988（6）：16

③ 郭湖生．关于《鲁般营造正式》和《鲁班经》．科技史文集，第七辑：102

④ 资料来源：[日]《東方道具见闻绿》

图 3-1-13　鲁班尺（门尺）

宋代也有相应的压白尺方法，应与《鲁班经》相结合。如果两者之间有任何差异，门尺是主要的方法。明朝《鲁班建正》《鲁班经》所列的集门尺寸多为“合济”，而《工程规章》中的集门尺寸仅由门尺确定。此外，门尺的应用范围也从南向北扩展。现代北京关于制作门匠的歌：“五尺八，二尺八，死活一起搭。”[①]根据弯曲尺，本身合八白，又皆在表 3-1-7 的鲁班尺合吉尺寸范围之内（带 *）。在北方，尺寸的尾数为三、六、九时也多见使用，实际上，除三外，六、九分别合压白尺之六白和九紫。这可能是北方的一些习惯用尺。

表 3-1-7　八进制鲁班尺和十进制压白尺的换算关系一览表

单位：寸、鲁寸

鲁班寸 压白尺 鲁班尺	0 ～ 1 （财）	4 ～ 5 ～ 6 （义）（官）	7 ～ 8 （本）
0	0 ～	0.72 ～ 0.9 ～ 1.08	1.26 ～ 1.44
1	1.44 ～ 1.62	2.16 ～ 2.34 ～ 2.52	2.7 ～ 2.88
2	2.88 ～ 3.06	3.6 ～ 3.78 ～ 3.96	4.14 ～ 4.32
3	4.32 ～ 4.5	5.04 ～ 5.22 ～ 5.4	5.58 ～ 5.76
4	5.76 ～ 5.94	6.48 ～ 6.66 ～ 6.84	7.02 ～ 7.2
5	7.2 ～ 7.38	7.92 ～ 8.1 ～ 8.28	8.46 ～ 8.64
6	8.64 ～ 8.82	9.36 ～ 9.54 ～ 9.72	9.9 ～ 10.08
7	10.08 ～ 10.26	10.8 ～ 10.98 ～ 11.16	11.34 ～ 11.52
8	11.52 ～ 11.7	12.24 ～ 12.42 ～ 12.6	12.78 ～ 12.96
9	12.96 ～ 13.14	13.68 ～ 13.86 ～ 14.04	14.22 ～ 14.4
说明	凡本表所列的实数尺皆合鲁班尺吉；凡所列数尾寸数在 0 ～ 1，6 ～ 7，8 ～ 9 ～ 10 之间时，合压白尺吉。		

① 或曰：“街门二尺八，死活一起搭。”

宋代《事林广记》还载有玄女尺，“造此尺专为开门设。湖湘间人多使之。其法以官尺一尺一寸为准，分作十五寸，亦各有字用之法……”明朝《鲁班经》也有记载。由此可见，宋代木工工艺的规则并不统一，各具地域规范，不过当时的规则应该有一定的适用范围。以木工使用的弯尺为例，根据以往的研究，我国北方与南方存在一定的差异（表 3-1-3，表 3-1-4）。这种区域尺度的变化可以说是由木工业发展和风水迷信的盛行所引起的。

四、定向及远距测量工具

（一）定向工具

《周礼》：“惟王建国，辨方正位。”正位是指相地方向的确定；方形标识是指方向或方向的确定。由此可见，到西周时，定向纠偏已成为建筑实践中的一件大事。实际上，“正位”除了考虑政治、军事、经济、交通、地理、气候等因素外，与古风水所占土地关系密切，还与“辨方”一样，都会使用方向测量工具和方法。

中国先民最早是通过观察太阳和星星来识别方向的。石器时代用于祭祀的洞穴遗址、墓葬和天然石方位标志，清楚地表明了古代人在辨别祭祀方向上是相当专业的。在西安半坡遗址发现了 46 处完整的六千年前房屋遗存，房门皆朝南。这种一致性充分表明，我们的祖先已经掌握了定位方法。这显然与长期的观察实践密不可分。《诗经・定之方中》：“定之方中，作于楚宫。”注云：“定，营室也；方中，昏正四方也……南视定，北准极，以正南北。”定，是古二十八宿北宫中的营室星，它包括“室”和“壁”两宿，属天文学所谓的天马星座。春秋战国时，人们利用天文学知识，在中秋后建房，于黄昏时观察位于南方天空上的营室星，再以位于中天宫的北极星（属小熊星座）来确定南北方向[①]。营室星黄昏出现在南方的季节，正是农事结束、从事营造房屋的时候。《尔雅・释天》：“营室谓之定。”郭璞注：“定，正也，作宫室皆以营室中为正”；《国语》：“营室之中，土功其始。”盖即此意。《诗经・国风・鄘风》又曰：“揆之以日，作于楚室。”注：“揆，度也，度日出日人以知东西。”它也指当时的人们通过观察日出来确定方向。当然，这种方法的准确性是有限的。早期的历法也记录了日出东方的日期，从而确定了东、南、西、北方向。在没有太阳的夜晚，人们依靠北极星来确定方向。这种方法在后世也有应用。

① 王程建军．“辨方正位”研究（二）．古建园林枯术。1987（4）．25.

1. 圭表及立竿测影定向法

人们也可以根据常见的物体，如树木和房屋，在阳光下投下的阴影辨别方向。经验告诉人们，观察自己或同伴的影子可以找到方向或估计时间。虽然这些观测结果比较粗糙，但可以满足石器时代生产和生活的需要。

立竿测影是我国一项古老的测量方法，它的出现可能早于原始社会的晚期[①]。古人使用木杆代替人来测量影子。通过对木杆影子的观察，人们发现它的变化是有规律的。阴影在一天中最短的时间是中午，在一年中，夏至中午最短，冬至中午最长。

测量影子的工具是“表”，普通的竹竿、木杆或石柱均可。成语有“立竿见影”。

《诗经·大雅·公刘》有“既景乃冈，相其阴阳”之句。这首诗的主要意思是说，周人的祖先公刘，通过在山上观测影子来确定方向。到了周代，磁极的长度是根据夏至极点的影子长度来测量的。这就产生了土圭[②]。土即度，量器也是，圭是一块尖玉。土圭是用一把玉尺来衡量太阳的影子。

《周礼》虽成书较晚，但包含一些早期史料，可以作为研究线索。书中提到土圭以及圭表的用途和管理官职等。《周礼》：“以土圭之法测土深，正日景（影），以求地中。……日至之景（影）尺有五寸，谓之地中；天地之所合也，四时之所交也，风雨之所会也，阴阳之所和也。然则百物阜安，乃建王国焉，制其畿方千里而封树之。”记述了殷周时的方位测定活动。虽未定明观测年代、地点和表的高度，但是已经说明了土圭（表影）在不同地理位置的变化，表明周代对日影的特性已有相当多的认识。书中说“日至之景尺有五寸”即土圭长一尺五寸。表长八尺，其夏至日的影长正合一尺五寸。《周髀算经》约成书于西汉中期[③]，但它反映内容却要早一些，有的甚至要追溯到春秋战国以前。书中明确记载着表高为八尺，并称表为“髀”。“髀”从字面上就很容易联想到人体。《史记·夏本纪》讲禹“以身为度”，《考工记》据记载，人有八尺高。

① 立竿测影起源在何时？据考古的研究，山东泰安大汶口文化墓地第75号墓地的[illegible]形图案，表示太阳鸟落在立柱顶端，立柱又插在横木上，可以固着于地面，作为图鹜柱的电象是比较完整的。陆思贤先生释之为皋、日皋。并认为古少昊氏就是因立竿测影而得名。他还进一步引证，图腾柱作为立竿测影的圭表。与人们日常生活发生的密切关系：认为同代的测影方法，源流可以追溯到半坡时代：半坡的羊角柱。是图腾柱用于立竿测影的典型例证。他进一步研究，认为伏羲氏在羊角柱上开始“仰观府察”工作：而黄帝、共工是“地平日晷”的训语。《书·禹贡》：“禹敷土，随山刊木，奠高山大川。”“随山刊木”，《史记·夏本记》作“行山表木”，“表"为立竿测影的圭表，于所过的九州名川进行立竿测影，故《夏本纪》又说“左准绳，右规矩”，规矩用于测定方圆范围，准绳用于丈量距离，如此忙于指挥治水工作。《周礼·地官》讲“土圭”之法，土字借为度，即量度晷影的长度：而土字甲骨文中用为“社”，还保留着远古利用社柱为立竿测影的遗意。参见：陆思贤著．神话考古．文物出版社．1995.

② 伊世同．量天尺考．文物．1978（2）．14.

③ 当代数学史家、天文学史家李俨，钱宝琮，席泽宗等均持此说.

可以看出，八尺长的标准大约是一个人的身高。商代末西周初，人口规模较小。根据当时的比例，它大约有 1.6 米高，被称为“丈夫”。东周时，人口规模略同秦汉，人体高约七尺。从尺度由小变大的规律来判断，并不难。8 尺高的时代大约是东西周王朝的转折时期，也就是 2700 多年前。当时，8 尺高的桌子已经通过规章制度定稿了。“以身为度”的标准在历代都有所改进。根据《律历志》和《天文志》可以了解，汉代以前人体上还是“同律、度、量、衡”。也就是说，当时的天文学、法学和医学的专门营造尺和人们常用的营造尺是一样的，后来标准逐渐增多。在汉朝初期，这张桌子仍然有 8 尺长，但开始使用铜制的桌子，并把短的土制图形的使用面改为 3 尺长的土制图形的使用面，然后将桌子和表固定在一起。① 它们统称为标准表，用于天文测量。后世称为量天尺或天文尺。标准表用于测量一年中的天数、冬至、夏至和四季。“汉书”中提到的刻度盘也是用于测量遮阳板和方向的仪器，其制造原理与标准表相同，但体积小，移动方便。南北朝时，祖冲之的儿子祖暅在石桂地表下凿一条沟，用水灌溉，以校正其水平位置。元朝郭守敬改进了简仪和圭表，使测量的相关数值的精确度达到世界最高水平，成为标准表的顶峰②。圭称“量尺”始于元代。明朝也有四张木制表。

表在工程中的一个重要功能是确定方向。一般来说，在正午的时候，日影是最短的，这时影子的方向是南北向的。此外，贵州地表或水平面上还可以画出许多同心圆。在圆的中心可以看到一竖，早晚落在圆上的图形的对应顶点的东西方向相连接。一般在日出和日落时取两个相应的点，它们的中点的轨迹和连接圆心的线是正的南北方向，并且这条线必须与正午的太阳阴影重合。晚上，人们通过表顶部朝南北方向注视北极星。《周礼·考工记》：“匠人建国，水地以县，置槷以县，眡以景，为规，识日出之景与日入之景，昼参诸日中之景，夜考之极星，以正朝夕。”当用于定向时，表的长度起主要作用。但无论校准台是否垂直，都采用“县”字，即垂直绳（图 3-1-14）。③

---

① 伊世同. 量天尺考. 文物. 1978（2）：10.

② 元代建造的观星台，在今河南登封。由于太阳照射在物体上的影子越到边缘越淡. 用圭表测量时很难作到十分准确。郭守敬采取了三种改进的办法。它将古代的八尺之表加长到五倍. 即所谓的高表。其次把表的顶端改为一根横梁，日光通过横梁的投影细而且实，要比过去整修表的投影易于测量。第三，他在圭面上附加一个叫作景符的仪器. 用铜片制成. 中间有一个小孔，斜放在圭面上，可以移动，日光照射横梁的阴影通过小孔投射到圭面. 阴影的边缘就显得更加清楚，可以十分精确地测量影长。

③ 据李浈，中国传统建筑木作工具，2015.

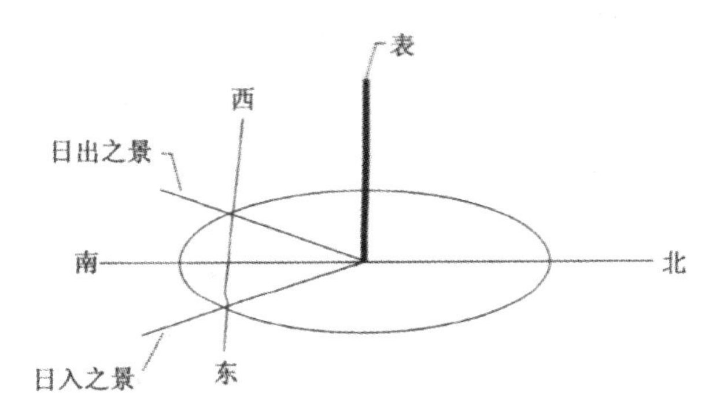

图 3-1-14　《考工记》正朝夕法示意图

表竿测影定向之法以《周髀算经》所载为详：“立正勾定之，以日始出，立表而识其晷；日入，复识其晷。晷之两端相直者，正东西也；中折之指表者，正南北也。”又“髀者，表也。……晷，影也。”《周易》所描述的确定太阳黑子方位的方法是用刻度盘确定南北，用日出日晷的顶点确定东西，再确定南北，基本上与《考工记》描述一致。

东汉徐岳在《数术记遗》注中则表述得更为清楚：“当竖一木为表，以索系之表，引索绕表画地为规。日初出影长则出圆规之外，向中影渐短，入规之中。候西北隅影初入规之处则记之。乃过中，影渐长出规之外。候东北隅影初出规之处又记之。取二记之所，即正东西也。折半以指表，则正南北也。”[1]

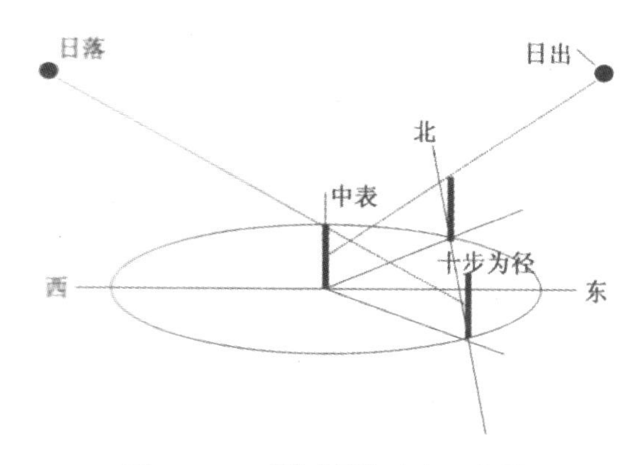

图 3-1-15　《淮南子》定向示意图

西汉或略早，人们还曾利用多个表竿定向。《淮南子·天文篇》：“正朝夕，先树一表东方，操一表却去前表十步，以参望，日始出北廉，日直入。又树一表于东方，因西方之表以参望，日方入北廉，则定东方。两表之中，与西方之表，则东西之正也。”意思是说首先在圆的中心放置一张桌子，然后在距离桌子东

① 据李浈，中国传统建筑木作工具，2015.

部一定距离（10 步）的圆弧上设置两张桌子。这些桌子与圆心的桌子和日出日落时的太阳呈直线连接，然后两张桌子以正南北方向连接；两张桌子的中间点与圆心的桌子以正东西方向连接（图 3-1-15）。这种测量方法，与《考工记》《周髀算经》所载者原理相同。

直至宋代，这种测景定向之法还在使用。《营造法式》："今来凡有兴造，既以水平定地面，然后立表测景、望星，以正四方。"明确指出地面的校正要用"水平"，又"取正之制：先于基址中央，日内置圆版，径一尺三寸六分。当心立表，高四寸，径一分，画表景之端，记日中最短之景"。这就是所谓的全景图。由此可见，中影最短仍是北宋时期的基本定向方法。另外，我们还需要"向上看管子，四个方向看太阳"，也就是说，校正观察筒和观察盘的方法是将观察筒放在观察盘的南面，将观察筒指向太阳，使日光通过观察筒的孔。中午时，如果观察圆柱落在固定阴影线上，则方向确定正确。我国汉代出土的几个磁盘与法式磁盘有很大的相似之处，它们之间有一定的继承关系。"隋书"天文记录中的"短阴影水平仪"与全景面板的生产和应用有着相似之处，说明全景面板在宋代以前已经使用了相当长的时间。从清末数学家墓中出土的秦汉表盘，在南北方向均未作标记。曾解释说："其无南北方向者，以南北必测而后知，难预定也。"[①]由于天气的限制，该方法不能在雨天使用，又由于地形环境的限制，只能在平原地区讨论该方法的精度。值得注意的是，通过太阳黑子或恒星观测所测量的南北方向，是所谓的"天文子午线"或"地理子午线"。自宋元以来，由于指南针的普及，测影定位方法用得越来越少。

2. 指南针定向

司南是古代测向的重大发明。《管子·地数篇》载："上有磁石者，下有铜金。"早在春秋战国时期，古人就发现了吸铁石，又称慈石、磁石[②]。相传六国统一后，秦始皇在咸阳建方宫时，用磁铁建造了一座大门。司南发明的基础是人们对磁铁功能的理解，即通过极性来指示方向。根据学者研究，司南就像一把由天然磁铁制成的勺子，其底盘是青铜的，周围刻着 24 条分界线，光滑的表面抛光可以降低摩擦阻力。《韩非子·有度》："故先王立司南以端朝夕。"端，正也；朝夕，指东西向。这句话从侧面说明，日出日落对于立竿测影来说尤为重要，人们就是据此来确定南北方向的；而司南测向的术语来源于立杆测影技术，表明立竿测影技术远在司南发明之前。战国时代的人到山中采玉，总要带上司

① 端方《陶斋藏石记己》卷一《测景日晷》.
② 张舜徽. 中国古代劳动人民创物志. 武汉：华中工学院出版社，1984.

南以防迷路[①]。汉代王充《论衡・是应》中说"司南之杓（同勺），投之于地，其柢（指司南的长柄）指南。"司南的勺有一个光滑的圆形底部和一个长手柄，放置在司南底盘上，勺子的把手由外力拉动，勺体在司南底盘上旋转。当它静止时，长手柄会指向南方。司南底盘大多是铜做的，其上的内圆和外圆称为天球，方块为当地的字符，中心标志是北极小熊星座，象征着天极。它可以看作是早期的指南针。

汉代还使用司方，即司南车。汉徐岳《数术记遗》："数不识三，妄谈知十，犹川人事迷其指归，乃恨司方之手爽。"甄鸾注："司方者，司南车也。"司南车也能指示方向。《晋书・舆服志》曾记载这种车的形制说："司南车一名指南车，驾四马，其下制如楼，三级，四角金龙衔羽葆，刻木为仙人，衣羽衣，立车上，车虽回运而手常指南。大驾出行，为先启之乘。"这类车辆大多是军用设备。

由于司南的表现并不完美，人们仍然需要仰望天体来辨别方向。观察北极星可以为海上船只指明方向。在北宋以前这是一种常见做法。

晚唐风水大师杨筠松在堪舆名作《青囊奥旨》中说道："先天罗经十二支，后天再用干与维。八干四维辅支位，子母公孙同此推。二十四山双起，少有时师知此意……"他的另一著作《疑龙撼龙经》中，提到了地罗："坎山来龙作丁午，却把地罗差使转"，又"不比寻常格地罗"；元代曾葛奚谷《俯察要览》载堪舆名家廖禹所作《地理泄天机》即《金壁玄文》中，述及指南针的应用："四象既定，当分八卦。先于穴星后，分水脊上，用盘针定脉从何 茔形 方来，次于晕心标下，下盘针定脉从何方去，又于明堂中流水处下盘针，定水从何方来、何方去……"文中还提及指南针和磁偏角的应用："八卦支干各有方，古人测影费推详。南针方土常偏定，丙午中间妙用长。"又有论曰："古者辨方正位，树八尺之臬而度其日出入之影，以正东西，又参日中之景与极星以正南北。《周礼》匠人之制度繁难，智者用周公指南车之规制，以木为盘，外书二十四位，中为水池，滴水于其间，以磁石磨针，浮于水面，则指南。然后以臬影较之，则不指正南，常偏丙位，故以丙午间对针，则二十四位皆得其正矣。用此以代树臬，可谓简便，真万古不灭之良法也。"我国隋唐到宋代的风水书籍中不乏关于指南针的记载[②]。北宋风水书籍《茔原总录》也有应用指南针和发现磁偏角的记载："客主取的，宜匡四正以无差，当取丙午针于其正处中而格之，取方直之正也。盖阳生于子，自子至丙为之顺；阳生于午，自午至壬为之逆；故

① 见《鬼谷子・谋篇》.
② 王其亨. 风水理论研究. 天津：天津大学出版社，1992.

取丙午壬子之间是天地中，得南北之正也。此丙午针约而取于大概。”这与《青囊奥旨》描述是一致的。可见，晚唐至宋初的风水先生都使用了罗盘，由此推断，罗盘可能是唐朝的发明。

据《武经总要》和《梦溪笔谈》，北宋时采用的人工磁化方法有两种。据《武经总要》记载，薄铁皮被切成鱼的形状，并放置在木炭火中。当它被烧成红色时，夹出放进水中，使鱼尾指向北方，铁鱼由此被磁化，并具有方向性。该书称这种磁化鱼为导盲鱼，它在游行期间漂浮在水面上，指引方向。然而，这种方法得到的磁化强度仍然比较小，几乎没有实用价值。《梦溪笔谈》记载的是另一种人工磁化方法：“方家以磁石磨针，则能指南。”也就是说，用磁铁的磁场来磁化磁针。这种罗盘制作简单，指向效果好，在世界各地得到了广泛应用，仍是一种重要的指向工具。①

早期的指南针多用于军事和航海②。《营造法式》所记的定向工具以及方法，基本上与《考工记》所记雷同，即立竿测影法。北宋徐兢在《宣和奉使高丽图经》中提到了“指南浮针”，说明当时指南针装置使用的是水浮法，也就是后来所称的水罗盘。水浮法在《梦溪笔谈》里就有记载，在北宋晚期寇宗奭的《本草衍义》讲得更清楚：“以针横贯灯心，浮水上，亦指南。”也就是说，将磁化的铁针浮在水面上，磁针就可以在水面上旋转来引导方向。后来又改进为从蚕茧中提取一根丝，用蜡把丝粘在针的腰上，然后把针挂起来，在无风的地方使针自由地指向南北，再把罗盘和方向结合起来，它就变成了水罗盘。

在汉代，方位被分为二十四个方向，每个方向相差十五度。北宋的沈括在地图上也使用了这 24 个方向。罗盘上的都被称为“正指针”。到南宋时，相邻两个方向的等边位置加上一个方向，共有四十八个方向，称为缝线。指南针在古代被称为“针道”。在宋代，已经有了一种针路的设计，有关的书籍叫《针经》、《针谱》或《针簿》。罗盘也称罗经、盘经③。指南针也俗称方针④。

① 金秋鹏. 中国古代的造船和航海. 北京：中国青年出版社，1985.

② 北宋朱彧《萍州可谈》中第一次记述了我国在航海中使用指南针的情况：“舟师识地理，夜则观星，昼则观日，阴晦观指南针。”南宋人所《诸番志》中描述从福建泉州到海南岛的航行时“渺茫无际，天水一色，舟舶往来，惟以指南针为则。昼夜守视唯谨，毫厘之差，生死系矣。”

③ 因罗盘上刻有度数故称。清冯桂芳《致姚衡堂书》：“胶牵凤台欲清义而不得其法，近始知用罗经之法。”明丘濬《大学衍义补·严武备战阵之法下》：“今番舶于舵楼之下亦置盘针，盖舟皆用盘针于盘中，以定方向。”

④ 《老残游记》第一回：“一则他们未曾预备方针。”

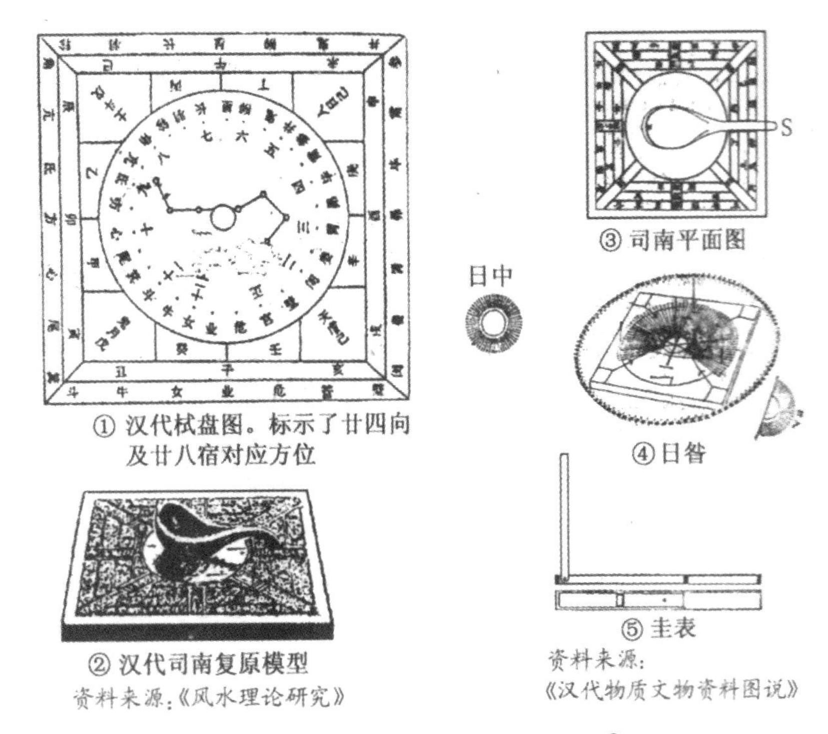

① 汉代栻盘图。标示了廿四向及廿八宿对应方位

③ 司南平面图

④ 日晷

② 汉代司南复原模型

资料来源:《风水理论研究》

⑤ 圭表

资料来源:《汉代物质文物资料图说》

图 3-1-16　汉代的司南、圭表、日晷①

由于不受地形、气候和昼夜的限制，携带和使用方便，指南针发明后，其应用范围不断扩大。除用于勘探、测量、行军、作战外，还用于开山、修路、建房、安葬等。到了近代，《钦定书经图说》中还出现了罗盘定向选址图和圭表定向的方法（图 3-1-17）。

水罗经制作简单，但水面不易稳定，影响了水罗经的效果。在欧洲引进指南针之后，欧洲人很快改进了它，并制造出了一个不用水的指南针。它是把磁针放在指尖上，自由转动，就像人们现在使用的指南针一样。干罗盘由于其具有固定支点，性能优于水罗盘，更适合航海②。在我国，南宋曾三异《因话录》中载：“地螺或有子午正针，或用‘子午’‘丙壬’间缝针。”螺就是罗，地螺也就是罗盘③。元代赵汸的《葬书问对》中也有用罗镜测定方位的记载，明版《鲁班经》、明代李国木《地理大全》中也多次提到使用罗经定向，据研究，罗镜即罗经，也就是俗称的旱罗盘，它在元代已常见使用④。

罗盘主要由方位盘和罗盘两部分组成。指南针位于罗盘的中心，称为天池。

① 据李浈，中国传统建筑木作工具，2015.
② 金秋鹏. 中国古代的造船和航海. 北京：中国青年出版社，1985.
③ 自然科学史研究所. 中国古代科技成就. 北京：中国青年出版社，1987.
④ 郭湖生. 关于《鲁班营造正式》和《鲁班经》. 科技史文集，第七辑：98.

如前所述，早期使用水针，后期使用干针。方位盘上有几层，从里到外：第一层是四个正、四维、八个方位，用先天的八卦来表示；第二层是以地球磁力线为基础的方位盘，称为方位，罗盘指向子盘的正午位置；第三层是场地的五个元素，用来协调房屋的主要命运宫；第四层被称为人类场地，指南针指向地盘的丙午之间，称为“缝针”；第五层方位盘是以天方子午线为基准的，称为“天盘”，指南针指向地盘正丙的方位，称为“中针”[1]。

用指南针或罗盘测量的南北方向称为“地磁子午线方向”。地磁子午线和天文子午线不重合。有一个角度被称为“地磁偏角”。这一发现也记录在宋代沈括《梦溪笔谈》中：“然常微偏东，不全南也。”（图 3-1-18）。

图 3-1-17　土圭测影定向[2]

① 程建军．“压白”尺法初探．华中建筑，1988（2）：52.
② 资料来源：《钦定书经图说》

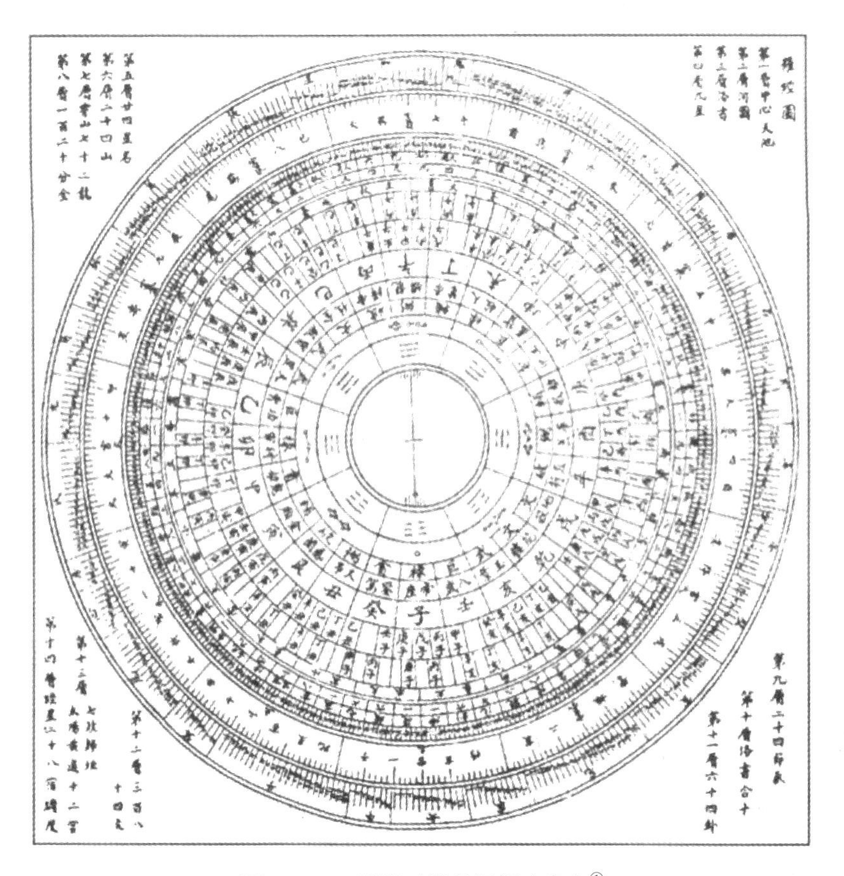

图 3-2-18　明清时期的罗经（盘）①

以上知我国古代有测影定向（天文子午线）和指南针定向（地磁子午线）两种主要方法。南宋的《因话录》曾说：“天地南北之正，当用子午。或谓江南地偏，难用子午之正，故丙壬参之。”按用“丙壬”参证“子午”，应是指由罗盘所定的地磁子午线。上引《茔原总录》除提及指南针和磁偏角外，还说：“若宂详密，宜曲表垂绳，下以重物坠之，照重物之心，圆而为圈，一如日月之晕。二晷渐移，逢晕致，自辰巳至于未中，视线两旁，真东西也。半折之，望坠物之下，则知南北之中正也。”也就是说，用一个罗盘来进行测向和校正。通过对这两种方法的比较，确定了磁偏角的大小。在我国，就工程实践而言，北宋以前，定向主要用于胶片测量。南宋以后，罗盘经常使用，有时是混合的。明朝以后，电影测量的取向不再被使用。

根据以往的调查，中国传统建筑的定位也受到其他因素的制约。明清宫廷建筑的中轴线，是由地磁子午线确定的，其主要建筑的走向也是由地磁子午线

① 资料来源：《风水理论研究》.

确定的。大雄殿、三清殿、玉皇殿、大成殿等主殿除朝东、朝外，以东南、西北、四成方向为主，山门、后殿、前厅、副厅、钟鼓楼等次厅不朝东。四正，但对正厅稍偏几度甚至多度。住宅等场所不应使用同一个四向方向，而应在四向以外的其他方向采用24向指南针方向，并经常使用双向点之间的方向，即“缝针”作为建筑物的方向①。

（二）远距测量器具及技术

上面提到的单位或工具，如尺子、墨水和量具，都是用于短距离测量的。长距离可以用绳子来测量。然而，如果要测量一个常人无法到达的点的距离，这些工具是无力的。基于长期测量的实践和研究，古人建立了一套模型：测高望远术。

前述之圭表还可用来丈量土地。特别是确定南北向的距离。《周礼》：载“土方氏掌土圭之法，以致日景，以土地相宅，而建邦国都鄙。”其间用来测量土地的工具就有可能是当时标准的表。早在周秦时期，人们就知道，如果南北太阳的长度在同一天相差一寸，这就意味着太阳的距离是几千里，所以我们可以看到标准表可以在很宽的范围内测量土地。周朝的人也在表顶附近挂了一条垂线来校正，使之处于垂线的方向。

《周髀算经》上：“荣方曰：‘周髀者何？’陈子曰：‘古时天子治周，此数望之从周，故曰周髀。髀者，表也。”周是洛阳的王城，髀就是股。该书中记有用勾股定理计算太阳在正东西方向时离人远近的方法，还有测量太阳“高”“远”时有所谓的“日高术”。在平地上立一个8尺长的表，于中午时量取太阳的晷长（表的影子），从而知道当日太阳的“高度”。在《淮南子》中，还记录了用表格测量方向和距离的问题，这是后来重差分技术的青蒿矢量。在这本书中，提出了一个应用于测量的相似形状定理：“若使景与表等，则高与远等也。”

秦汉时期，数学和测量取得了很大的进步。当时的人们已发现了数学中的勾股定理，用几何方法求解二次方程，祖冲之的有效圆周率已精确到八位。这些数学成果为土木工程的大规模测量和计算奠定了基础。

《周髀算经》中的“勾股测量”，就是利用相似的两个直角三角形对应边成比例的关系来进行测量。在书中记载着运用勾股定理的特例：“故折阵以为矩（勾）广三，股修四，径隅五。”也就是说，要测量一个力矩一侧的三个长度，另一侧的四个长度，斜侧的距离必须是五。力矩是木工中使用的弯曲的尺子，

① 程建军．“压白”尺法初探．华中建筑，1988（2）．52

它的特点是两边的夹角是对等的。在古代，力矩测量常被使用，因此直角的准确度是非常重要的。用“勾三股四弦五”确定直角，简单准确，保证了力矩测量的可靠性。讨论了用力矩测量的方法[①]。商高指的是，如果一把有一刻的尺子和悬挂在尺子上的铅垂线同时垂直于地面，那么另一把尺子处于水平位置(这也是一种古老的水平仪)。通过在侧面设置力矩尺可以计算出目标的高度，将力矩放置在水平面上可以测量出目标的横向宽度。《周髀算经》还记载了测量太阳高度的方法，用这些方法测量地面的距离和高度是相当准确的。

东汉成书的《九章算术》[②]所列的测量方法，可分为两类：一类是直接用步态测量或尺量边长来求解各种图形的面积和体积；另一类是毕达哥拉斯测量，主要指间接测量数据。距离和高度，其中同样巧妙地运用了相似三角形对应边比例的数学原理。有些人首先使用简单的工具来测量可接近的距离，有些人只将地面条件用于步进测量，而不使用工具来计算所需的高度和距离。测量方法包括立表法、连索法、参直法、累距法等[③]。

立表法：“今有井径五尺，不知其深。立五尺木于井上，从木末望水岸，入径四寸，问井深几何？”“答曰：五丈七尺五寸。”术曰：“置井径五尺，以入径四寸减之余，以乘立木五尺为实，以入径四寸为法，实如法得一。”

连索法：“有木去人不知远近。立四表相去各一丈，令左两表与所望参相直，从后右表望之，入前右表三寸。问木去人几何？”答曰：“三十三丈三寸少半寸。”“术曰：令一丈自乘为实，以三寸为实，实如法而一。”

参直法：“今有邑方不知大小，各中开门。出北门三十步有木. 出西门七百五十步见木。问邑方几何？”“答曰：一里。”“术曰：令两门步数相乘，因而四之，为实。开方除之，即得邑方。”

实际上，以上三种方法都是用极点（或角边）来计算或参考的。这表明，在汉代，人们不仅用杆子来测量影子的方向，而且用它来计算一些不能直接测量的距离。它是毕达哥拉斯定理的应用和发展。三国时期，刘辉的《海岛经》是一部基于汉代实践的测高遥测专著。手册中有九个测量实例，分别是望海岛、望松、望古、望博口、望清园、望津、临沂。刘徽在《九章算术》自序中说：“凡望极高测绝深而兼知其远者必用重差、勾股，则必以重差为率，故曰重差也。”

---

① 原文如下：周公曰：“请问用矩之道？”商高曰：“平矩以正绳，偃矩以望高，覆矩以测深，卧矩以知远，环矩以为圆，合之以为方。方属地，圆属天，天圆地方。方数为典，以方出圆。笠以写天。天青黑，地黄赤。天数之为笠也，青黑为表，丹黄为里，以象天地之位。是故知地者智，知天者圣。智出于句，句出于矩，夫矩之于数，其裁制万物，惟所为耳。”周公曰：“善哉。”

② 《辞海·九章算术》注：《九章算术》凡九卷，不著撰人名氏，原本久佚，四库本从《永乐大典》中录也，汉张苍删补校正，后人又有附益，晋刘徽、唐李淳风为之注，自《周髀》之外，此书最古。

③ 宋鸿德，张儒杰等编著. 中国古代测绘史话. 北京：测绘出版社，1993

他在《重差》（即《海岛算经》）自序中又说：“度高者重表，测深者累矩，孤离者三望，离而又旁求者四望，触类而长之，则虽幽遐诡伏，靡所不入。”描述非常笼统。总之，只要采用多次测量和传输的方法，无论地形地貌多么复杂多变，都可以测量点之间的距离和高度差。《离岛经》的书名属于预期范畴。所得公式的分母在两个测量值（即“多”）中是不同的。“重大差异”的名称来源于：

“望海岛”——重表法。见《海岛算经》第一题：“今有望海岛，立两表齐高三丈，前后相去千步，今后表与前表参相直，从前表却行一百二十七步，人目着地取望岛峰，亦与表参合。问岛高及去前表各几何？”“答曰：岛高四十五里五步，去表一百二里一百五十步。”“术曰：表高乘以表间为实，相多为法，附近之，所得加表高，即得岛高。求前表去岛远近者，以前表却行乘表间为实，相多为法，除之，得岛去表里数。”可以看出，重表法是从《周髀算经》中测日高的方法，也就是从立表法发展而来的。

“望谷”——累矩法：“今有望深谷，偃矩岸上，令句高六尺，从句端望谷底入下股九尺一寸。又设重矩于上，其矩间相去三丈。更从句端望谷底，入上股八尺五寸。问谷深几何？”“术曰：置矩间，以上股乘之，为实。上下股相减，余为法，除之。所得以句高减之，即得谷深。”使用两个相同的力矩尺，可以通过两个测量值来计算谷深。

“望波口”——连索法：“今有东南望波口，立两表南北去九丈，以索薄连之。当北表之西行去表六丈，薄地遥望波口南岸，入索北端，四丈二寸。以望北岸，入前所望表里，一太二尺。又却后行去表十三丈五尺，薄地遥望波口南岸，与南表参合。问波口广几何？”“术曰：以后去表乘入索，如表相去而一，所得，以前去表减之，余以为法。复以前去表减后去表，余以余乘入所望表里为实。实如法而一，得波口广。”

强调差异一直被后人使用。北宋的沈括在大运河建设中创造了一种分层测量方法，避免了水准仪测量长距离误差的积累。在当时的条件下，800 多里的水准测量是以 0.01 尺为单位进行的，测量结果相当精确。

立竿测影术一直流传近世。近人有《测量讲义》讲述立竿测影术：“假如有塔不知其高，视日影在地，从塔址心量至影末得三丈，乃同时立一竿长五尺者，量其影得一尺，问塔高若干丈？”答曰：”高一十五丈。”草曰：“以一尺为率，五尺为二率，三丈为三率，得四率为塔高。式如下：一率竿影一尺；二率竿长五尺；三率塔影三丈；四率塔高一十五丈。”可以说，标准仪器不仅用于天文测量，而且是古代和现代远程测量的重要工具。

第二节　平木、穿剔的工具与工艺

一、平木的工具与工艺

就木作加工而言，扁木加工（包括粗糙度、细度和光泽度三个等级）是必不可少的环节之一。本章旨在通过研究文献资料，梳理出古代扁木工具发展变化的线索，探讨它们与木制品发展的关系。

（一）南北朝以前的平木工具

以古代重要的粗平木工具——斤为例，对南北朝以前的平木工具进行详细的介绍。

用于“断削”的工具，主要依靠斤。《管子・形势解》说：“斲削者，斤力也。”故曰：“奚仲之巧，非斲削也。”前引徐铉语也曰：“斤以斲之。”此外还要用到斧。南朝梁・刘勰《文心雕龙・熔裁》：“譬绳墨之审分，斧斤之斲削矣。”但斤有斧所不能代替的作用：其一，斤多为双手制造，切削力强；其二，刀除了具有最强大的粗木工具外，还具有一些轴的功能。今天的单刃斧（边斧），具有凹进“入”的作用，而且还具有粗平木的作用，可用于小材料（特别是单手刀架）粗平木，所以在现代小木工中普遍使用。单刃斧的出现相对较晚，这可能是受到单刃木锛形状的启发。

考古东汉以前出土的棺材，大多是由重叠的木底（方形或矩形截面）构成。棺材和镶板大多由一块木板制成。考古报告中经常提到棺材上的切割痕迹。《左传・宣十年》：“斲子家之棺。”杜注：“斲薄其棺。”说明当时的板也是经斧斤砍削而变薄、变平的。

斤在新石器时代就有使用。许慎《说文》认为，斤是象形字。早期图形文字有，根据部分见甲骨文（折）等的情况，康殷先生认为可能是“斤”字[①]。甲骨文释作斤[②]，像横刃斧，就是现代所指的锛形，简化示意为形，表示锛刃部分的侧视，与纵刃的斧不同。考古出土新石器时代的石锛，有榫卯法、曲柄绑扎法等几种形制，前者与相合，后者与相合。斤的古音与锛通，与双手挥动的“兵”字之声尤为接近。《说文》曰：“兵，械

① 上引释斤义，参见：
殷. 古文字源流浅说释例篇. 北京：荣宝斋出版社
② 高明. 古文字类编. 北京：中华书局. 1980

也，从斤。”又“斤，兵也。”甲骨文[illegible]，晚周金文[illegible]并释兵。像双手挥斤“斫木”之状，应是动词。与现在所称的锛（既是名词又是动词，指运斤斫木）同。兵在《诗》里与镗、行叶韵，阳部，读如邦，与锛古音同。晚周习惯用兵指军械、武器，后世才转指持武器的战士（古称“戎”）。故在古代，斤与兵概同。金文多写作[illegible]，篆则写作[illegible]，渐渐失形。其形象变化过程如下：[illegible]，金文作[illegible]，隶书作[illegible]。

二里头出土的锛一件，扁平体，横剖面呈梯形，弧刃，长 11．4 厘米，厚 0.5 厘米，刃宽 2.99 厘米。在器形上明显有石器时代的遗意（图 1—8 之③）。约商代前期或略早，斤与釿等工具一样，有安柄的銎。斤与釿通。在东周的空首布常铸出釿字。但折字为形声字，它的出现应较象形字“斤”字晚。《释文》：“釿，音斤，本作斤。”《说文通训定声》：“釿，假借为斤。”约自秦汉前后起，斤还用作重量单位①。

先秦文献中将斤（釿）和别的木工工具并提，《墨子·备穴》：“为斤斧锯凿。”《庄子·在宥》：“于是乎斤锯制焉。”它在功用上承担着一种独立的工作。

《国语·齐语》：“恶金以铸锄、夷、斤、欘。”韦注：“斤似锄而小。”

《说文·木部》：“欘，一日，斤柄性自曲者。”

《说文·斤部》：“斤，斫木斧也②，象形。”段注：“凡用斫物者皆曰斧。斫木之斧，则谓之斤。……横者象斧头．直者象柄．其下象所斫木。”王注：“斤之刃横，斧之刃纵。其用与锄钁相似。”

据上可知，先秦至汉代的斤是一种曲柄、横刃。类似锄钁的工具：与今锛之状合。胡吉宣先生总结说：“斤以斫木。斫木之斧名斤，动静、体用同也。古多斧斤连言，《孟子》：‘斧斤以时人山林’，又云：斧斤伐之，是也。斤之刃横，其用与钁同，故贾逵以钁释斤。古以为兵器，故兵字从斤，字亦从斤作斬。”③说明后世的钁、锛，都是由早期的斤发展而来的。

《文选·马融〈长笛赋〉》：“挢揉斤械，剸掞度拟。”张铣注：“斤械者，以斧理之。”其弯曲的柄似也有用火糅曲，用斧砍削而成，技术与造车轮相类④。商代即有出土的锛刀，到春秋战国时出土数量增多。锛刀有不少流传到后世，它的刃体呈单斜面或双斜面（表 3-2-1）。完整的出土件，如信阳楚

① 《汉志》：“十六两为斤。”《小尔雅》：“二锾四两谓之斤。”注：“六两为锾。”古代用作度量单位的多是习见的农具或工具。如钱、铸等。斤在古代也是农具。

② 《说文解字》段玉裁注日：“此依小徐本。”大徐本释斤为“斫木也，象形”。

③ 引自《〈玉篇〉校释》

④ 古代还有一种专门矫正竹木邪曲的工具称为栗栝，亦作粟括。揉曲叫栗，正方叫栝。《荀子·性恶》：“枸木必将待檃栝蒸矫然后直。”杨惊注：“栗栝，正曲木之木也。”《淮南子。修务训》：“木直中绳，鍒以为轮，其曲中规，栗栝之力。”古代曾用这种工具制造车轮。近世未见使用。其制不明。有认为檃括就是墨斗．然证据不足。

墓出土的小锛，弯柄，直接装入銎中，是用于小料加工的；望山一号墓出土一套木工工具，也有曲柄的斤（图 3-2-1 之①，②）。用于大型木作者，估计柄还要长，刃部还要略大。

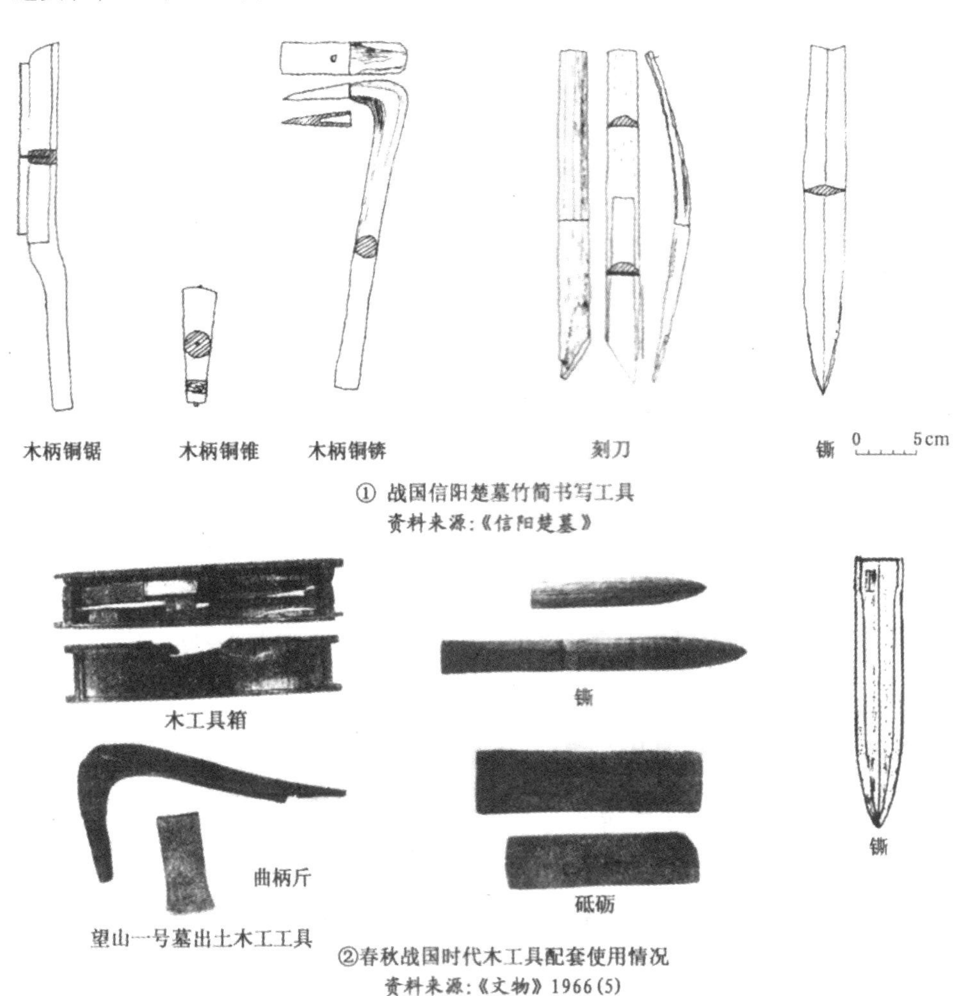

图 3-2-1　春秋战国时代的竹木加工工具[①]

① 据李湞，中国传统建筑木作工具，2015

表 3-2-1　考古出土的斤（锛）统计表

时代	地　　点	器　　形			说　　明	出　　处
		銎部/銎径	刃部/刃宽	器身/长×宽		
商代	安阳大司空村M539	长方形/6.7×2.8	双面刃	长梯形，截面椭圆形。长16	大铜锛	《考古》1992(7)：513
		长方形/3.9×2.2	单面弧形刃	长条形，略有束腰。长10.1	小铜锛	
		长方形/4×2.7	单面弧形刃	长条形，长9.7	小铜锛	
		长方形/4.2×2.1	单面弧形刃	长条形，长10.3	小铜锛	
	西安老牛坡商代墓地	长、方形	单面半圆形刃	长条形，刃有翘角，长10.4		《文物》1985(6)：1
		梯形	单面弧形刃	长条形，刃有翘角，长8.9		
	安阳殷墟西区一七一三号墓	直/长梯形3.9×1.2	单面弧刃/3.4	7.2	銎宽刃窄	《考古》1986(9)：709
	山西吕梁地区	直	单面弧刃	器身上有纹数道		《文物》1981(5)：52
	陕西绥德	直/长方形	单面弧刃4.5，长14.5			《文物》1975(2)：82
	湖北盘龙城	直/长方形	单面平刃	器形銎宽刃窄	3件	《文物》1976(1)：52
	殷墟259，260号墓	直/梯形	单面弧刃	略有束腰		《考古学报》1987(1)：113
	河南信阳罗山天湖	直/梯形	单面平刃	上窄下宽，长8.2		《考古学报》1986(2)：175
		直/梯形	单面弧刃	上窄下宽		
		直/梯形	单面弧刃	有束腰，长9.3		
		直/梯形	单面平刃	器身呈长方形		
	殷墟戚家庄	直/长方形	单面弧刃		一件体长条形，一件刃有翘角，束腰	《考古学报》1991(3)：346
	石楼后兰家沟	直	单面略弧刃/15	长12	商晚	《文物》1962(4)：34
	山东寿光	直/梯形	单面平刃	器身呈倒梯形	商末	《文物》1985(3)：7

（二）南北朝及以后的平木工具及技术

刨是现代木工的主要平木工具。但它是怎么发明的呢？如果我们从工具匹配的角度来理解刨的作用，就很容易找到线索。宋代《营造法式卷二十四·诸作功限一》所记载的木制品的相关局限性，与木雕和旋转制品是平行的，说明了木材分解的重要性和重要性。它是未来大、小木材的基础。出现在锯子背面的细毛状物被称为“锯绒”。鲁迅《野草·死后》：“我又看看六面的壁，委实太毛糙。简直毫没有加过一点修刮，锯绒还是毛毵毵的。”这表明锯解后是需要刮光的。铇的平木作用，兼有刮和削两个功能，但是近世铇平木料后，一般不再加以刮磨，尤其是大木，因而近世也少见磨砺类工具用以平木。

《营造法式》所反映的技术和系统起源于唐代，是许多建筑史学者的共识。然而，我国宋代以前关于建筑木材的制度和技术的文献却很少。唐代营缮司将作监的组织内部，据《通典》卷二十七职官九，左校署“掌营构木作、采材等事”，而右校署“掌营土作、瓦泥并烧石灰、厕溷等事”（此外还有中校及甄官等）。这种营缮官司制度也传到了日本，并在中日文化交流中得到应用，到了 8 世纪左右，逐渐演变为木工寮形式。日本的木工寮和岩土工程系分别对应于唐代左右校署的管理机构。《延喜木工寮式》是日本平安时代律令制度施行细则——《延喜式》卷三十四的《木工寮式》（下文皆简称《寮式》），反映了科技的创立时代，大多在其撰写（905—927 年）之前，许多内容甚至在日本天平宝字年间（757—763 年）以前就有了明显的确立。因此，它应是以唐律令制度下的建筑营缮司的有关营缮法规制度为基础和蓝本的①，也可以反映中国早期唐代的一些建设技术和制度。

《寮式》的内容包括木工、土工、金工等多方面，与建筑、营造相关者有土工、葺工、掘埴、筑垣、削材、作石、人担、车载、桴担九项。《营造法式》诸作则包括壕寨、石作、木作、雕作、旋作、锯作、竹作、瓦作、泥作、彩画作、砖作、窑作等。

我们注意到，《寮式》所述的木作加工内容，仅有削材一项。《营造法式》中则较细地分为锯作、雕作、旋作等。雕作、旋作是较为特殊的工种，其操作也较细、较费工，故在《营造法式》中与锯作并列，但它们与制材无关，可以理解为一种较细的木工工种。而锯作是大小木作加工的前提，表明它们是木作加工功限的大项。《寮式》《营造法式》中与制材相关的锯作与削材有一定的可比性。二者所列，都当是相对同时代其他木工操作而言“最为切要”之功限。

① 张十庆. 古代建筑生产的制度与技术——宋《营造法式》与日本《延喜木工寮式》的比较. 华中建筑. 1992（3）. 49

结果表明，在《寮式》风格所反映的技术时代，平木工具相对不发达，因此工作是最重要的。而在《营造法式》风格所反映的时代，锯切的工作范围比其他工作要大。说明宋代的扁木工具较早期有了很大的发展。其他文献中也有一些线索。

《寮式》的制材功限："削材，五六寸以上材，长功一人六千寸，中功五千寸，短功四千寸。"

伐木的意义不是指木材的制作，而是指材料的精细表面。由此可见，在《寮式》技术建立的时代，日本的木材生产仍然采用伐木方法，伐木是当时最费力的工作，这是由于当时的木工具或扁木工具不发达。而《营造法式·大木作功限一》："造作功并以第六等材为准。材长四十尺，一功。"研究表明，《寮式》中采用的方法是通过计算表面积来计算功率极限。《营造法式》简化为计算工作长度[①]。随着《寮式》技术的建立，用大锯子制作木材更省力。因此，当时没有伐木的工作，这说明当时的伐木技术比较成熟，省力。因此，没有必要将其列为单个项目。相对而言，锯木料占工作效率比重较大。所以重点就列出来了。唐初，我国使用的是大型框架锯，它可以用木材制成。因此，唐宋时期木工工具的区别不在于制材，而在于扁木工具的变化。《寮式》中的五六寸材相当《寮式》六等材。《寮式》一功所加工六等材的表面积为 8000 平方寸，其效率是《寮式》的 1.6 倍[②]。当然，这是一个粗略的算法，但仍然可以看出，扁木工具效率很高。

二、穿剔的工具与工艺

以锥和钻为例，对穿剔的工具与工艺进行详细的介绍。

《六书故》："锥，穿器之锐者，似钻而小。"《事物绀珠·器用》训锥"刺入器。"

石锥、骨锥和角锥是人类最早使用的。这些工具出现在旧石器时代晚期，在新石器时代被广泛使用。如西安半坡遗址出土的石锥 4 个，骨锥 606 个，角锥 99 个。它们是圆柱形、半管状、矩形、三角形和矩形的。新石器晚期开始

---

① 张十庆. 古代建筑生产的制度与技术——宋《营造法式》与日本《延喜木工寮式》的比较. 华中建筑，1992（3）：51

② 《寮式》中所述的五六寸材，按文义，当是方材，不应理解为材厚。因为当时计算功是以表面积为准的，它和断面的周长、材长才有关系。此时它断面的周长约 20 ～ 24 寸，约相当于宋代《法式》所谓的六等材的断面周长。如理解《法式》所规定的材，按 5 寸计，相当于《法式》三等材，依《法式》规定的换算关系："材每加一等，递减四尺。"三等材断面周长 5 寸 ×5=25 寸。其材长递减三等，得 40-12=28 尺。一功加工的表面积为 25 寸 ×280 寸 =7000 平方寸。是《寮式》同一功所加工面积5000 平方寸的 1. 4倍。张十庆先生也曾对前后的加工效率作过相同的计算对比，同上注。但《法式》中不同等级的材，一功所加工的表面积是有很大区别的，因为《法式》不是以表面积为计算标准的。以长度计算功值是较为简便和进步的方法。

使用铜锥。4000多年前，在山东龙山文化遗址发现了两个早期的铜锥。山东月氏文化遗址也出土了青铜锥。甘肃武威后娘台遗址出土的铜锥、青铜和红青铜，均为冷锻青铜，长12厘米，长3.8厘米等，在殷周时期得到广泛应用。据考古统计，1989年前出土铜锥284枚，其中夏代及更早年代的铜锥27枚，占1%；商代铜锥27枚，占16%；西周铜锥40枚，占28%；东周铜锥70枚，占59%。

商代和西周时期都出土了青铜锥。铜锥质密，边缘锋利。圆锥体的横截面是圆形、方形、矩形或三角形，并且有一些特殊的形状，有的还用较厚的铜柄铸造，一般长5～13厘米。从形式上看，各时代之间的青铜锥没有明显的差异。东周出土青铜器的数量比以前多了很多，制作也更加精美。铸造青铜柄锥的数量显著增加，包括环柄锥、带轨道锥、钟形柄锥和雕刻柄锥。《淮南子·说林训》："椎固有柄，不能自椓。"战国以来，椎体的柄部都是用木材制成的。

到了现代，圆锥仍然是手工业中最流行的工具之一。《管子·轻重乙》："一女必有一刀、一锥、一箴、一钵，然后成为女。"可见锥为女工所用。今制鞋、做皮衣尚用之。《考工记》中就记有攻皮之工。《管子·海王篇》："行服连、轺、辇者，必有一斤、一锯、一锥、一凿。若其事立。"它被用于车辆生产，因为古代车辆有某些皮革部件。此外，甲骨文上的符号或文字，小者也有用锥刻成的。四川新都县马家乡晒坝东北战国木椁墓出土了七个铜锥，三棱形，圆柄，黑漆带储胎圆锥套，锥长5～8.5厘米，柄长7.5厘米，同时与五把雕刻刀同时出土，表明它可能是一种雕刻工具。《说文》："锥，锐也。"《释名·释用器》："锥，利也。"锐利之器，皆可用以刺。

钻原本是"穿"的意思。《方言》卷九："钻谓之铺（音端）。"《广雅·释器》："铺谓之钻。"用以穿者也日钻。《管子·轻重篇》云："一车必有一斤、一锯、一红、一钻、一凿、一鲸、一轲，然后能为车。"此谓钻、凿之钻也，为车工必用工具。《说文》《玉篇》皆曰："钻，所以穿也。"《事物绀珠·器用》："所以穿通。"此外，钻也是刑具。

但在考古发掘中很少有钻。甘肃武威娘娘齐家文化遗址出土的两个紫铜钻，一个是圆锥形的，长5.2厘米，另一个是三棱形的，长7厘米。这是已知最早的钻。最早的青铜钻是在郑州陈庄村枣庄遗址发现的。它的顶端有两个扁平的边缘，两侧有翅膀，一个边缘。尖端后部的横截面有轻微的边缘，接着是一个圆柱形的环，长4.4厘米，长1.8厘米，宽0.3厘米（图3-2-1），它属殷代中期二里冈出土的两件青铜钻，横截面为边形，有脊状、左右叶。刀刃外缘顺直，向前汇聚成钝圆边，长5.5厘米，宽0.8厘米，与同时出土的占卜骨上的圆孔重合，用于钻骨。另一块是柱状的，截面近似于八角形，下面有一个稍微弯曲的边缘[1]。商代还出土了一些墓葬[2]。

陕西扶风县云塘村西周骨器制造作坊遗址出土 4 件西周的青铜钻[3]，铤扁圆，钻头扁平或呈锥状。此地西周墓葬中也出土一件[4]。河南虢国墓地出土西周末至东周初的钻一件[5]。东周的钻在陕西凤翔县城关北街[6]、江苏苏州城东北新苏丝织厂[7]、广西平乐县银山岭[8]、云南呈贡县龙街石碑村[9]等遗址或墓葬中有出土，其中，苏州发现的这一件呈管筒形。限于文献与考古资料，目前尚难对钻的形制做出全面的分析与推测。据研究，凤翔青铜窖藏内出土的一件钻为方銎尖首四棱体，长 11.3 厘米，銎直径长 0.9 厘米、深 3.2 厘米，尖端使用明显。它既可用锤敲击冲眼，也可旋转钻孔。

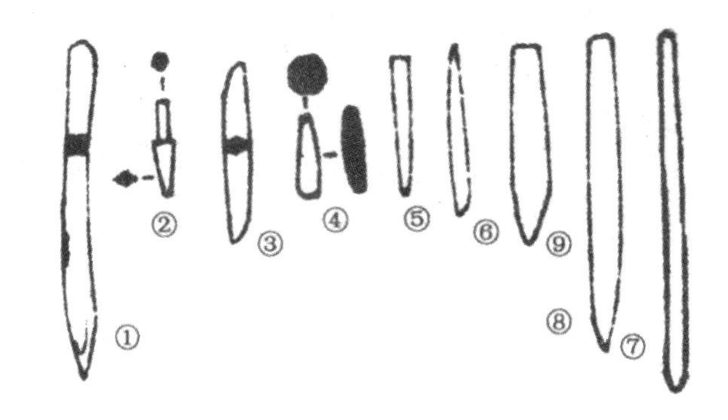

① 皇娘娘台红铜钻 ② 郑州陈庄村早商遗址 ③，④ 二里冈殷代青铜钻 ⑤，⑥，⑦ 陕西扶风县西周骨器制造作坊 ⑧ 河南三门峡东周初虢国墓地 ⑨ 苏州新苏丝织厂东周遗址

图 3-2-1　早期的钻[1]

早期铜钻的使用，还多见于甲骨。卜甲卜骨灼处，必先凿后钻，凿而不钻者甚少。前述铜钻在青铜作坊中的大量发现就说明这个问题。此外在木、竹、角器的加工中，它也是一种较为重要的工具。

铜钻在使用时，一般要先安上钻杆（即木柄），然后双手搓捻，即所谓的“搓钻”。《世本》云：“燧人氏钻木取火。”

可以看出，这种工具使用得很早。当时，它可能是一个锋利的工具，有锥体或钻头。根据刀具形状的关系，推导出摩擦钻应是木工钻的先导。进一步的发展，演变成了拉钻或称扯钻。它是在钻杆上端安装环或套，用绳缠绕杆体左右拉动。在浙江临海也发现了踏板钻头的使用。操作时，将钻头绑在杆上，两

① 资料来源：《文物》1989（2）.

脚推动绳索，双手将部件压入钻头内，比摩擦钻机省力，但不方便。它是一种特殊的拉力钻。后古人又在拉力钻的基础上，利用转动过程中的惯性，发明了驼钻。

第三节　榫卯结构

中国传统木作家具的灵魂是榫卯结构。这些传统木作家具不需要钉子，但可以使用数百年甚至数千年，这是人类制造历史上的奇迹。

传统家具的榫卯结构是家具各部分之间的连接方式。据统计，传统家具的榫卯结构有种直榫、支撑榫、扎榫、长短榫、夹头榫、抱肩榫、楔钉榫、槽口榫、穿带榫、勾挂榫、半榫、格肩榫等近百种。这些榫头和榫眼应用于家具的不同部位，保证了传统家具框架结构的美观性和坚固性。

传统家具的榫卯结构设计得非常科学。每个榫头和榫眼都有明确的固定锁紧功能，可以在整体装配中发挥作用。每对榫头和榫眼配合得很严密，家具也很结实，而且通过家具的外观看不到木材的横截面，只有通过不同的木材纹理，才能看到榫眼和榫眼的接合处。正是这些精致的榫卯结构构成了中国传统家具的独一无二的工艺特点。

一、暗榫

暗榫是两块木板的接合处，类似燕尾，不外露。它是制作箱、盒必要的榫头。

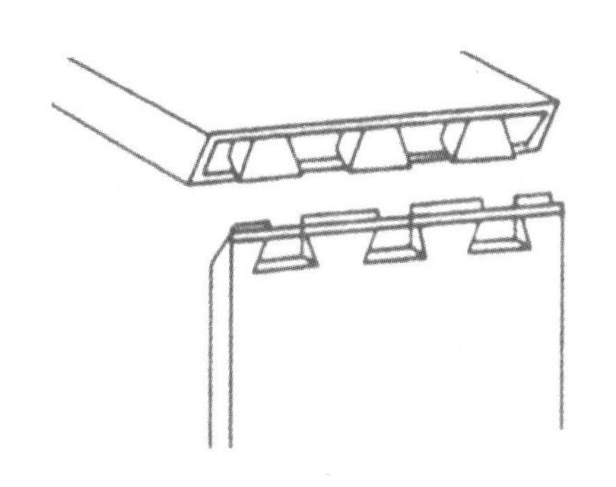

图 3-3-1　暗榫

二、栽榫

栽榫是一种用于可拆卸家具部件之间的结构，在家具构件之间经常使用。

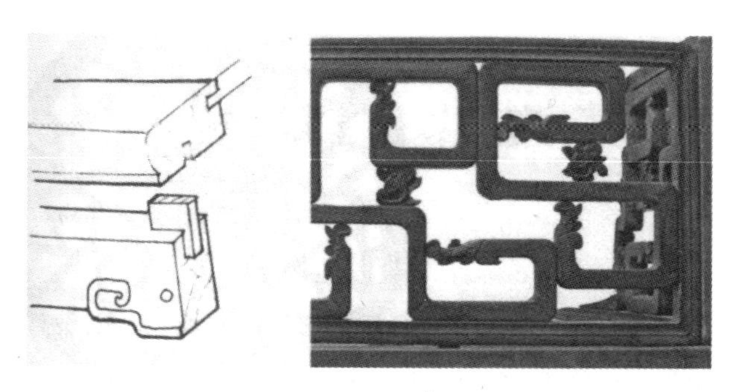

图 3-3-2　暗榫[①]

三、攒斗

攒斗是指利用榫卯结构，将许多小木料做成各种大面积的几何图案，非常美观而结实，这一过程被称为“攒”。在簇状图案中的小木被称为“斗”。中国古代建筑内檐的装饰，最初采用攒斗的技术，使门窗的格心和各种棉纱覆盖物成为装饰。后来，攒斗被用于家具制造，一般用于制作格子栏杆和床栏。

图 3-3-3　攒斗（一）[②]

①② 据顾杨，传统家具，2012 年

四、龙凤榫

龙凤榫是将几块薄木板反向组装成一块宽木板的必要技术，通常带有附加的带子。方法是在第一块板的侧面制作银锭状榫头。在第二块板的侧面切出顶部窄、底部宽的梯形槽。将第一块板的榫头推入第二块板的槽中，两块板接合在一起。

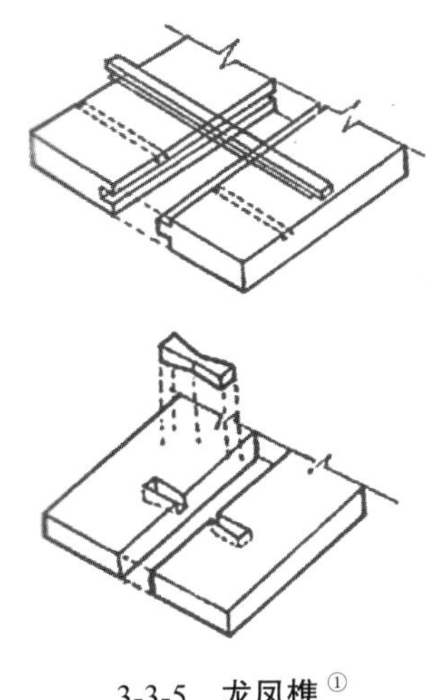

3-3-5　龙凤榫[①]

五、燕尾榫

燕尾榫因榫头、卯眼的形状端部宽、根部窄，很像燕子的尾巴而得名，用于两块木板的连接，一般在木框、木箱、木提盒上用得最多。

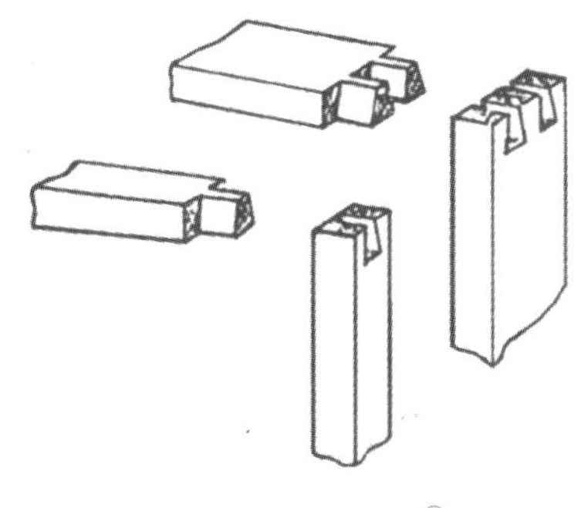

图 3-3-6　燕尾榫[②]

①② 据顾杨，传统家具，2012 年

六、长短榫

通常，当支腿与面板边缘连接时，支腿由一长、一短相互垂直的榫头构成。两个榫头分别与边抹的榫眼相连，因此称为长短榫。

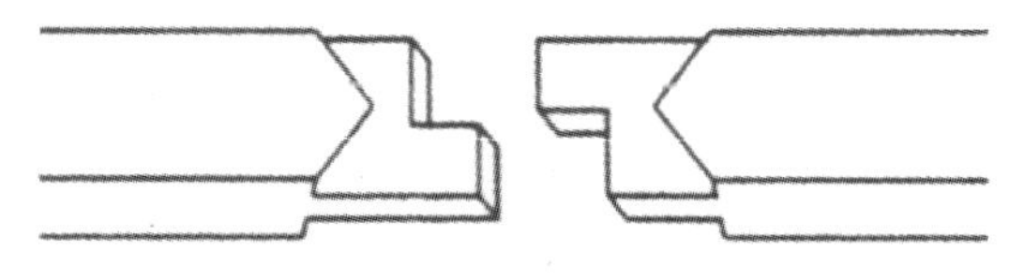

图 3-3-7　长短榫①

七、抱肩榫

抱肩榫也是一种榫卯结构，一般在腰线家具的腿和脚、腰线、齿杆结合时使用。也可以说，这个榫卯结构的作用是把家具的水平和垂直部分连接起来。

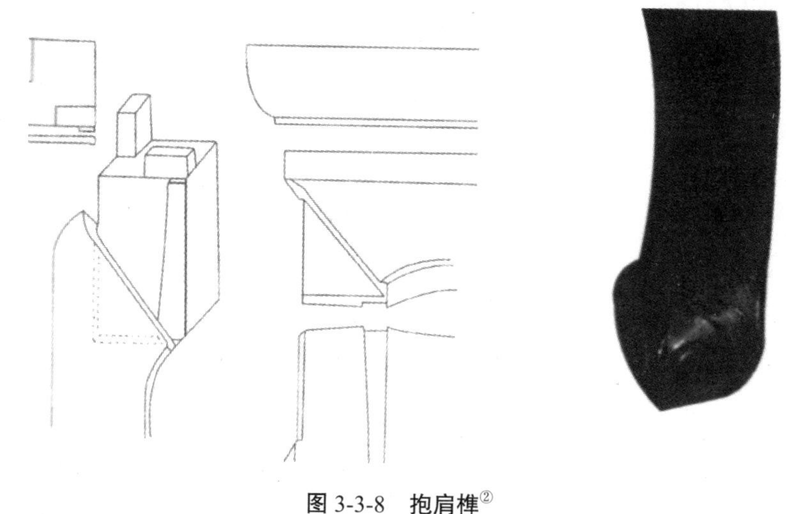

图 3-3-8　抱肩榫②

八、粽角榫

粽角榫因其形似粽子角而得名，主要用于框架的连接。另外，明式家具也有“四层”桌，其腿、脚、牙、面板都用粽角榫连接。

①② 据顾杨，传统家具，2012 年

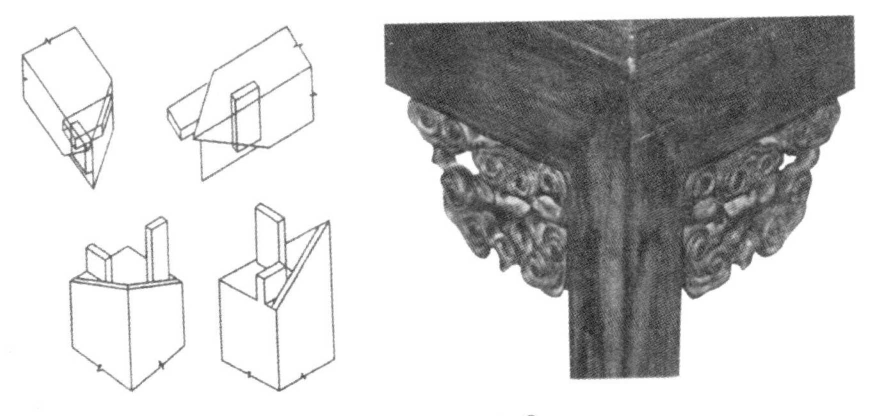

图 3-3-9　粽角榫[①]

九、格肩

横木与立木交叉时，将榫皮的外半部分切成等腰三角形，另一种材料的半面皮做成等腰三角形开口，尺寸相同，然后再连接在一起，俗称格肩。

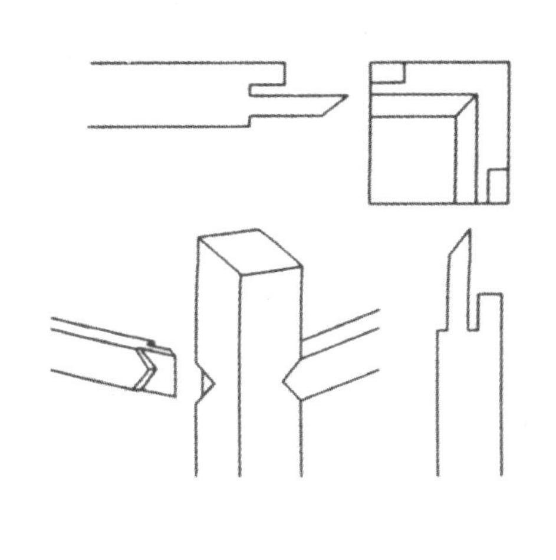

图 3-3-10　格肩[②]

①②　据顾杨，传统家具，2012 年

第四节　传统木作的制作过程

中国传统的木工技术一直受到来自世界各地的赞誉。木工用巧妙的构思创造出传奇的榫卯结构，设计出各种精致的结构构件，从而制作出千变万化的家具。

图 3-4-1　传统家具[①]

传统家具的制作可分为十几个工艺流程，包括选料、配料、画线、开料、木部件细加工、开榫凿眼、认榫、雕花、磨活、攒活、净活、火燎、打蜡擦亮等。在实际制作时，工序的划分可能比以上所说的更细致些，但主要操作步骤都包括在其中了。

一、选料、配料

工匠一般会根据家具的结构和工艺来选择合适的木材。一般来说，家具用料会考虑木材的外观、纹路、种类、颜色、尺寸等。

二、画线

画线就是在木材上画出加工的记号。

① 据顾杨，传统家具，2012 年

三、开料和部件细加工

开料是将板料锯成枋形毛料，然后用刨床将枋形毛料加工成符合标准形状和比例的精枋枋形料。最后，根据家具各部分的连接情况，画出线条和所需的榫结构。

四、开榫凿眼

开榫凿眼就是根据画线的位置准确制作出榫、卯结构。榫头是锯制的，卯眼是凿制的。尽管加工过程非常仔细，但榫头和榫眼的位置总是有不合适的，这时应该使用修整工具对榫头和榫眼进行多次修整，以确保家具构件中榫头和榫眼的接合处是无缝的。

五、认榫

榫卯的木质部分将准备组装成相对独立的结构单元，这时要检查榫卯的尺寸、紧密性、歪斜或翘曲是否合适。如果发现不合适，应及时修复，以确保每个结构构件单元的表面符合严格标准。

六、雕花

雕花指在家具部件上雕刻图案。此工序应在试装后安排，在需要雕刻的零件上轻轻拆卸、加工各种零部件。榫头识别后再进行雕刻装饰的原因是，连接在一起的木器件已成型，能确保在同一平面上所有雕刻线条的深浅一致。如果违反此原则，则不能保证雕刻部件在同一平面上。当然，有些雕塑采用了全板嵌入式结构。雕花是一个很大的工程，它又分为绘画、雕刻、精细等工艺步骤。

七、磨活

磨活是指在装配前对每个木构件进行打磨，使每个木构件表面光滑细腻，无刀痕、划痕等。传统做法是将浸泡过的文件捆绑在稻草柄中，每个部件的每个表面都经过多次仔细抛光。然后，用湿滑的叶子（冬笋的皮）沿着纹理仔细打磨，所以行业术语是“研磨”。经过打磨，木材表面非常光滑，用手触摸，没有碰伤、缺口和水平划痕。现代水砂纸和机械抛光虽然效率高，但却不如传统抛光材料光滑。

八、攒活

攒活是把所有的部件正式组装起来，也叫“使鳔”。一般分立的结构单元，如门扇、面板、侧山要先行组装，经过测量没有尺寸上的误差，待干透后，方可进行全柜的组装。正式攒活时，要把各种部件备齐，按次序摆放好，在鱼鳔热好后，分别在榫头和卯眼中涂上热鱼鳔；装好后用布擦去挤出来的鱼鳔。这时要趁鱼鳔未凉之前，迅速用尺子校验装配的精度，如有不方、不正的小误差，可用挤压推拉的方式及时调整。如装配无误，便可静置一两天，等鱼鳔胶自然干透。

九、净活

净活是指组装家具的最终修整。一件家具组装好后，应保存一两天，直到鱼鳔完全干燥。清洁的工作是将木材接口部位的轻微不平整处刮平，然后打磨新的加工区域，刮去胶痕，以便染色和烫蜡。

十、火燎

火燎是指组装家具的最终修整。如果各方面的检查结果都是合格的，还要对白色的残茬（当时的家具是灰白色的）家具进行防火处理，即用酒精（古代用高度白酒）均匀地涂在家具上，然后点燃。其目的是用酒精烧制家具表面的小木刺。这就保证了染色后的家具表面仍然光滑细腻，并保证了烫蜡后的抛光质量。

图 3-4-1　古书中的木工工作场景

第四章　广式传统木作

本章分为三个部分，分别为岭南及广式传统木作的形成与特征，外来文化对广式木作的影响，广式木作与京式、苏式木作的区别。接下来围绕这几部分展开详细论述。

第一节　岭南及广式传统木作的形成与特征

一、广式木作形成的原因与发展现状

广式木作因其在广州生产而得名，又称“广作”，与“京作”“苏作”并称清代木作的三大代表。早在明朝中后期，广州就出现了高品质的木作。16世纪中叶，葡萄牙传教士加斯帕·达克鲁兹在《中国游记》中写道：“广州生产了许多精美华丽的硬木货架，使用了非常昂贵的优质木材。”王世襄先生还说，“广州早期的硬木木作，虽然可以称之为明式，但并不是一种家庭成员，在北京的东西两座山上都能看到。”

广州木作起步较晚，在明末清初发展迅速。打破了中国传统木作的原有格局，逐步形成了独特的木作风格，使广州成为中国重要的木作生产区。它在中国传统木作史上留下了浓墨重彩的一笔。主要原因包括以下几方面。

（一）社会背景

明末清初，广州的社会经济受到了战争的影响，但到了康熙、雍正时，国内形势逐步稳定，社会生产开始重新发展。乾隆时期，广州经济空前繁荣。当时，贵族开始修建民居、宅邸和花园，以突出其显赫的家庭背景，追求享乐。因此，对木作的需求不断增加。这为广州木作业和其他手工业以及广式风格的繁荣发展创造了良好的社会环境，也为广式木作的形成提供了稳定的经济基础。

（二）地理位置

广州地处东南沿海，独特的地理位置为广式木作提供了得天独厚的优势。

从广州汉墓中出土的胡人陶俑以及犀角、琥珀、水晶等物，便可说明早在汉代早期，广州的对外海上贸易就已较为发达。到了唐宋时期，广州黄埔港更是成为闻名四海的大港。至明清以来，广州地区对外贸易更加频繁，清政府组织“十三行”来管理广州的对外贸易，赋予广州“十三行”承办一切外贸事务的商业特权。广式木作正是利用通商口岸的地理优势，从东南亚、南亚、东非等地区进口大量物美价廉的优质硬木，如花梨木、铁力木、酸枝、紫檀、鸡翅木等。

在清代，玉带濠作为广州外城护城河，其东、西、南三面都与珠江相连，河面宽广，舟楫货运十分便利，因此广式木作行会“大都集中在玉带濠南北两岸的几条长街”，“这些古老的长街相连起来长达数十里”。不仅如此，玉带濠更是连接“十三行”、广州七大会馆、各大银庄、商业中心、木作行会及手工业行会的交通要道。玉带濠两岸工商业阵容之盛，行业之集中，在当时国内实属罕见。可以说，广州优越的地理位置以及城内河道交通的便利，都为广式木作的发展奠定了良好的基础。

（三）文化输入

广州作为中国对外文化交流的重要窗口，在其发展过程中不断吸收和借鉴外来文化，对广式木作影响最大的是来自西方的文化输入。从 16 世纪初到清朝中叶，西方传教士沿着类似的路线来到中国。这些西方传教士带来了欧洲先进的科学技术以及不同的文化和大量的艺术作品，因此广州自然成为西方文化进口的集散地和连接中西方文化的桥梁。特别是乾隆二十二年（1757 年），实行一港通商政策，只保留了广州与西方国家的贸易职能，广州成为中国与西方国家经贸往来和文化交流的唯一港口。从此，广州东西方文化交流进入了一个繁荣的时代。18 世纪初，英国商人为了找到廉价的劳动力和精美的工艺，直接把最新的欧洲工艺和欧洲木作风格带到广州生产，然后再卖到欧洲。19 世纪，欧洲国家和美国开始来到广州订购工艺品和木作。模型加工的生产模式，将大量的造型元素、装饰图案和装饰工艺带入广州，为广式木作对传统木作的创新提供了丰富的素材。

（四）审美变化

康乾时期，中国社会稳定，经济文化繁荣。此时，统治阶级对物质生活表现出强烈的欲望，追求灿烂、复杂、奢华的风格，这一理念主要体现在室内陈设中。这也在一定程度上促进了工艺的发展与升级，他们动用技术娴熟的工匠建造豪华房屋、花园和木作，以显示其权势。

此时，欧洲也正处于巴洛克和洛可可艺术盛行的时期。在这种影响下，西式木作展现出三方面的特点：一是通过复杂的雕塑和装饰，体现出强烈的浪漫色彩；二是通过大量的曲线和自然形式，体现出丰富的想象和造型变化；三是通过创新的表现形式，体现出木作的空间感和立体感。技术与非理性要素的结合，华丽、雅致、豪华的西式木作与对盛世美学的追求不谋而合。此外，康熙和乾隆皇帝曾下令西方传教士和艺术家进入宫殿进行创作和装饰，还多次组织中国子弟学习西方艺术。统治阶级对西方艺术的偏爱加速了上层官员及其亲属、子弟的审美转型。

此外，来自世界各地的华侨也促进了当时审美情趣的变化。当时国外有大量的华侨，其中七成是说广东话。光绪十九年（1893 年），清政府允许华侨“回国经营生活，购置财产，经商”。大量海外华人回归，带回大量的金钱、文化、艺术、木作和工艺，引领了广东的时尚潮流。

清朝对西方艺术自上而下的推广和归侨对西方艺术文化的传播，提高了人们对西方艺术的接受度，加剧了中国审美、趣味的变化，为广式木作的传播提供了持续动力，从而形成了华贵精致、造型复杂、风格独特的广式木作。

（五）广式木作——岭南艺术的瑰宝

明末清初，在西方文化的影响下，广式木作成为岭南艺术的瑰宝。

珠江三角洲是我国三大明式木作生产集群之一，主要集中在中山、番禺、东莞、顺德、江门、泰山等地，也是岭南广式木作的主要产地。岭南广式木作是岭南艺术的瑰宝，是我国古代木作生产历史上的杰出代表。其优美流畅的线条，简约典雅的艺术风格，精湛的生产工艺，已成为岭南生产技术史上的顶峰。岭南广式风格的木作以其优雅的气质给人们留下深刻的印象，其具有深厚的人文基础和生产基础。明朝时，手工业十分发达，木作行业组织涌现出许多优秀的手工业大师。张岱在《陶庵梦忆》书中《吴中绝技》记载：“陆子冈之治，玉鲍天成之治犀，周柱之治嵌镶，赵良璧之治梳，朱碧山之治金银，马勋、荷叶李之治扇，张寄修之治琴，范昆白之治三弦子，俱可上下百年保无敌手。”周晖在《金陵琐事》中写道：“徐守素、蒋彻、李信修补古铜器如神。邹英学于蒋彻，亦次之。李昭、李赞、蒋诚制扇极精工。刘敬之，小木高手。”这些优秀的手工艺大师铸就了明代木作的辉煌。

当时也出现了许多总结各类工艺技术的专业书籍。明代文震亨所编的《长物志》，对各类木作的用料、制作、式样分别给予了评价。明代高镰所编著的《遵生八笺》还把木作制作与养生结合起来，提出了独到的见解。专业研究书籍的出现使得当时广式木作兴盛，发展态势和制作水平在专业技术的研究指导下不断提高。

二、岭南广式木作的形意美解读

（一）岭南广式木作的造型特色

岭南广式木作造型简洁，结构严谨，色彩自然，装饰精美，深受世人喜爱。岭南广式木作的造型以严格的比例关系为基础，其整体结构主要为框架式，框架式又分为腰带式和无腰带式两种。无腰带式木作通常有圆腿和边脚，其造型圆润、简洁；腰带式木作整体造型优雅庄重，又有万条腿、直脚、三条腿、鼓腿等。这两种方法融合了科学与艺术，体现了木作造型的独特美。此外，岭南广式木作的整体造型线条优美，往往给人强烈的视觉美感，其多变的轮廓以及摒弃复杂装饰的做法反映了简洁装饰的衬线美。岭南广式木作多采用符合人体工学特点的 S 形椅背，给人以舒适的感觉。岭南广式木作造型美的另一个表现是线脚的变化和应用。在平面、凹凸、阴阳线等的组合下，广式木作的边框造型线形成了可变的几何剖面，产生了独特的装饰效果。岭南广式木作的腿足、靠背、线条长度、厚度、宽度都很对称，努力向公众展示出简洁、典雅、大方的风格。

岭南广式木作结构非常严谨，做工非常精细。这一特点主要体现在高度科学的框架结构、省边技术和桦木技术在木作生产中的应用。大板采用省边技术嵌入框架槽内，不用钉子少用胶，不受潮湿或干燥等自然条件的影响。白桦技术在明朝得到了很好的应用，并日趋成熟。利用这一技术，整个木作不使用钉子和钻孔胶，全部使用桦木和垫子的组合。另外，在零件间跨度较大的地方镶嵌有档板、牙子、券口、圈口、矮老、霸王枨、卡子花等，既美观又坚固。经过几百年的变化，广式木作仍然像以前一样坚固，体现了其结构制作的精湛技艺。

岭南广式木作装饰技术十分多样，经常使用木纹、雕刻、马赛克等工艺，并辅以配件，增加美感，又使雕刻、镶嵌等技术也得到了充分运用。岭南广式木作最流行的雕刻技术是浮雕、透雕、透雕结合和圆雕，其中浮雕技术最为常用。此外，雕刻涉及的题材也很广泛，如卷毛草、荷花图案、云纹、灵芝纹、龙纹、花鸟、动物、山水、人物、凤纹等，都是岭南广式木作常见的装饰图案。雕刻线条生动流畅，分布均匀。此外，木作装饰广泛应用珐琅、螺钿、竹、牙、玉、石等材料。虽然木作的装饰工艺和材料各不相同，但装饰部分始终可以取得适宜的效果。装饰精神可体现在普通座椅背板上的小面积雕刻或镶嵌上。另外，明末清初，中国岭南广式木作引入了西方文化艺术元素，吸收了西方的装饰艺术和文化，产生了中西方风格相结合的木作。

（二）岭南广式木作的美学意蕴

美感是人类的审美本能。通过对岭南广式木作造型特点的分析，可以很容易地领略到它的美学意蕴。岭南地区是我国许多珍贵木材资源的主要产地，为岭南广式木作的形成和发展奠定了坚实的物质基础。岭南广式木作注重木质的一致性。广式木作通常选用珍贵木材，其优美的造型使得岭南广式木作在木质完全暴露且没有漆面装饰的情况下绽放出迷人的魅力。岭南广式木作也遵循了中国传统木作制造中方正庄重的立体造型原则，这表现在其严格的比例关系中，也表现在其充分考虑人体特点的造型上。中国明朝木作研究的著名学者杨耀先生曾说："明朝木作有明显的特点：一是由结构形成的风格，二是由于四肢协调而产生的性能平衡。从这两个方面来看，虽然它的品种千变万化，但它始终保持着不可动摇的风格。即：简洁、恰当。但在简洁的形式上，它具有优雅的魅力。这一魅力的表现：一是轮廓的舒适和忠实；二是每一条线条的活力和流畅，更重要的是，它考虑了人体的形状环境，并做出适当的比例和曲度，以体现适用的功能无处不在。"

岭南广式木作雕刻艺术体现了很高的审美艺术水平。岭南常在环椅和灯挂椅上采用圆形结构，主要是由于圆形结构精致光滑，能体现岭南广式木作的曲线美。另外，岭南广式木作中的罗锅枨、三弯腿、透光、鼓牙、鼓腿、内翻马蹄、云纹牙头、鼓钉等，以其优美的外观体现了木作装饰美学以及人们的审美追求。对美的不懈追求是岭南广式木作装饰美学的灵魂，其整体装饰艺术又体现了结构化的需要，既具有强化、支撑和实用的功能，又能美化木作，可以看作是装饰艺术的杰作。另外，岭南广式木作的线脚使装饰具有很强的动感韵律。岭南广式木作线脚是一种简单的平面形式，内含凹凸变化。线条只是正反交替，但细细品味，线脚的变化以及线条和表面的交替可演变成各种不同的木作风格，线脚的风格也使岭南广式木作具有了丰富的艺术内涵。通过这种玲珑多变的线脚造型，我们可以很容易地发现岭南广式木作雕刻艺术的巧妙变化和韵律美。岭南广式木作的雕刻技艺以其精湛的艺术内涵，散发着持久的艺术活力。

从众多岭南广式木作雕刻作品的艺术形式来看，其突出的美学原则有以下几种：一是岭南广式木作往往在醒目、得当的位置进行装饰，增强木作的艺术品位和魅力，如在椅子的背板和桌椅腿足处进行雕花装饰，营造出生动透彻的美感，又提高了木作的视觉冲击；二是岭南广式木作常在牙板及四周进行雕刻，创造出飘逸的线条，用这些来营造木作静止状态下的动感效果。此外，动物、花卉等图案雕刻在木作的腿、脚等处，使整个木作生动活泼。虽然岭南广式木作的整体造型具有沉稳、端庄、方正、严谨的风格和特点，但又会在雕刻装饰中借助山水、花鸟、昆虫、鱼等形象为木作增添一种动感、活泼的氛围。岭南广式木作以其完美的造型和优美的线条将南方的木作制造水平推到顶峰。除此之外，岭南广式木作受民族特色、风俗习惯、地理气候、生产工艺等因素的影响，形成了一种独特的木作风格，以其独特的美学色彩，散发出永恒的艺术魅力，成为岭南艺术中一道独特的风景线。

图 4-1-1　工艺美术大师杨虾的广式木作

图 4-1-2　酸枝木嵌大理石背靠扶手椅

图 4-1-3　嵌大理石螺钿扶手椅靠背

图 4-1-4　描金大供案及其雕刻纹样

三、广东传统木作的特征

传统不仅是一个民族代代相传的文化品格，而且是一个民族集体所共有的文化品格，是一个维系着过去和现在的纽带。广东传统木作以广式木作为主，包括当地客家木作和潮汕木作。它们不仅蕴含着广东独特的地域文化，而且呈现出圆润灿烂的创作理念，与苏、京木作一起成为中国传统木作艺术的顶峰。

广东传统木作的设计思想既明确又含蓄，它是物质的，也是精神的。它不仅涵盖了物质、技术和结构，还包括物质功能和审美文化。在继承中国传统创作精神的同时，也特别受到当时思想政治、经济、技术和社会趋势的影响，又兼并东西方艺术元素，因此，广东传统木作的整体形象具有浓厚的异域情调和独特的风格范式。

（一）材质工艺——率真豁达，材美工巧

材质运用是木作制造的基本前提，也是物质基础。不同材质具有不同的物性，其制造工艺也不同。《考工记》云："天有时，地有气，材有美，工有巧。合此四者，然后可以为良。"广东传统木作是我国传统木作艺术的典型代表，具有朴素的中国造物传统，其历史地位的获得不仅得益于天时地利的优势，更与其采用优质木料、施加精良工艺有直接的关系。广东地处热带和亚热带区域，气候湿热，日照充足，适合紫檀、酸枝、花梨等木材的繁育。同时，广东临近东南亚诸地，有海洋之便利，发达的海洋贸易为广式木作的繁荣带来了用材先机。广东传统木作无论在选材、制材还是用材上均展现了与苏式木作迥异的用材观，显示出率真豁达的思想特点。在木作制造领域，率真豁达可以阐述为"用料直率，造型自由，工艺敦实，装饰直观"，涵盖了广式木作实体和广东设计意识两个方面。

广东传统木作，尤其是广式木作，一般要求材料使用的一致性。同一件木作产品只使用相同的木材，选择最好的材料，使用重型材料。在大型或复杂的木作部件中，以木材连作或整木连作技术为首选，较少采用拼接技术，说明广东传统木作不经济、不掺杂、不节约木材费用。例如，广式木作的大曲率曲脚或圆框，一般不采用拼接工艺，多用木料挖成。在装饰方面，广东传统木作相对自由，既能保持一些传统木作的优雅，又能适应中西方的交融。田家庆先生曾批评中西广式木作的融合："广式木作受殖民文化影响最大。它不是外国的，甜的，软的和粗俗的。"但从另一个角度看，它充分体现了广东工匠的诚信和开放精神。在受到西方艺术强烈影响的历史背景下，广东工匠"敢为天下第一"，吸收了西方艺术的营养。在继承传统的同时，他们也勇于探索，尤其是西方装饰图案应用，显示了广东工匠拥抱世界的广阔胸怀。

用材的艺术性和工艺性不仅是广东传统木作的客观写照，也是广东传统木作设计制造的主观目标。广东传统木作的用材主要以酸枝、紫檀、花梨等材料为主，包括鸡翅木、铁力木、楠木、柚木等。最常用的木材是酸枝。酸枝、紫檀和花梨都是硬木，它们不仅生产周期长，而且珍贵稀有。广东工匠利用这些材料生产木作，主要是看中其优良的木材性能。他们遵循着用好木材制作好器

皿的传统，试图通过“技术加工，唤醒材料自身之中处于休眠状态的自然之美，并将其潜在形态转化为显性形态”，最终实现“逸我百年”的目标。紫檀是一种顶级硬木材料，也是木作制造的首选之材。马未都先生曾这样描述紫檀的雕刻特性：“不管是哪个角度，都可以进行雕刻，不裂不翘，横茬不断。当它雕刻打磨后，其具有一种模压感，就像是冲压出来的花纹。紫檀不仅雕刻特性优异，其抗压抗拉及纹理特性在木材中也属极品。田家青先生认为，紫檀质地如缎似玉，纹理细腻致密，色泽沉穆怡静，利用紫檀制作的木作不变形，不易朽。相较于紫檀，酸枝、花梨在材性上要差于紫檀，但仍然是硬木中的上佳者。”蔡易安先生在《清代广式木作》中认为，酸枝质坚而重，木材结构细密，有深褐色或黑色条纹，木作制作后经刮磨、打蜡、髹漆（主要是清漆，清代广府工匠的一种创新）等工序，使木作表面平整如镜，光彩照人，抚之细滑清凉，具有一种含蓄隽永之美。花梨不仅是明式木作的主要用材，在广东传统木作中也占有相当大的比例。花梨以其温润的色泽，行云流水般的纹理，让人啧啧称羡。广东传统木作在采用紫檀、酸枝、花梨等硬木制造时，为凸显材美特性，在工艺上一般不进行油漆，而是在打磨后直接揩漆或仅作刮磨打蜡处理，以展现硬木的纹理美。同时，广东传统木作用料唯精、体质壮硕的特点，又为广式木作的雕刻、镶嵌工艺提供了绝佳的展示平台。

图 4-1-5　酸枝木作工艺

广东传统木作雕刻是对广东乃至中国文化艺术的全景展示。它以其独创性而闻名。它借鉴了广东传统雕刻和牙雕、玉雕、透雕技术，包括圆雕、浮雕、透雕和半透雕。广东传统木作雕刻的构图强调吉祥的内涵，大多采用龙凤等传统图案、几何图案和西方写实图案。在细节上，广东传统的雕刻方法是精密的，研磨精细，表面光亮，同时借鉴西方艺术表现手法，追求层次感和立体感。它也可以在较小的部分体现出来，突出了模式的完整性和丰富性。在雕塑方面，广东工匠也越来越追求满足感，期望利用全雕塑让消费者得到更多乐趣，从而使广式木作留下“卖花”的雅称。镶嵌技术是适应广东地区环境的一项创新技术，主要以石材镶嵌和金属镶嵌为主。广东气候湿热，使用大理石可以为木作增加清凉感，尤其是座椅靠背或座椅表面的石头，有利于人体在炎热的环境中散热。从视觉上看，水墨意境的石材给厚重的木作注入了一定的质感和色彩变化，为愉悦使用者的身心起到了积极的作用。在石材镶嵌中，广东传统木作充分考虑了木材的伸缩特性，通过适当的裂缝，使木作表面四季光滑。同时，为强调镶嵌技术与木作材料选择的协调性，广东木匠更倾向于采用整体框架镶嵌，这与广式木作坦诚、开放、直观、任性的思维是一致的。

（二）造型装饰——求新善变，兼容并蓄

造型是对器物外观形体的创造，也是器物设计的核心环节之一。木作作为一种日用器物，其造型兼具实用和审美双重特点，不仅要满足人们的实用需求，还要合乎使用者的审美情趣。装饰，是对造型的一种局部衍化。在木作上，则是指掩盖既存的缺陷，施加一定的纹饰、质感或色彩，以优化整体形象。广东传统木作的造型装饰是历史沉积的结果，它不仅继承了宋明传统木作的端庄素雅，同时也吸收了西洋木作造型的绚丽奢华，形成了鲜明的地域特征，并随着时代发展不断演化，成为神州大地中西方艺术交融的一个典范，表现出了开放多元、包容创新的设计意识和求新善变、兼容并蓄的设计思想。

据史料记载，自秦汉以来，珠三角地区的海外贸易活动就已兴起，到了1522～1842年间，广州一度成为中国唯一的合法通商口岸，与当时世界各大洲的商贸联系非常紧密。清初广东人屈大均在《广东新语》中就有一段关于广州贸易往来的记录：“五都之市，天下商贾聚焉……香珠犀象如山，花鸟如海，番夷辐辏，日费数千万金，饮食之盛，歌舞之多，过于秦淮数倍。”发达的国内外贸易，又为广东地区各项工艺技术的发展提供了契机，人们熟知的广州三雕、佛山剪纸、广彩、广绣等工艺技术也先后形成了地方特色。开放、包容、创新的意识也随之融入日用器物的各个方面，并积聚成一种地域文化现象，映射到广东传统木作的造型装饰上，表现出崇尚新奇、讲求变化和包容并蓄的倾向。

款式新奇是广东传统木作求新善变特点的最好诠释之一。随着西风东渐的持续，具有西方艺术格调和价值理念的木作款式陆续走进人们的视野，其新颖

的造型、异域的趣味迎合了广东上层社会求新求异的需求，一大批新式木作开始进入他们的生活空间，如美人靠、贵妃榻、沙发、长椅、连体几、餐桌、餐椅、穿衣镜、椭圆桌和鬼子台（一种仿西洋桌）等。这种变化引起了广东工匠的注意，他们审时度势，依据市场和产业的发展需求，大胆学习、汲取西式装饰手法与要素，创造了一种有别于既往中西方传统木作艺术的新范式。鬼子台是当时广东人完全按照西方形制、造型工艺制造的新式桌子。同时期中国传统桌子则依然保留了方正稳重的形象，如八仙桌、四仙桌、半桌等，桌面均采用攒框嵌板结构，桌腿与桌面框架顶角相接。鬼子台则不同，其主要采用西式桌面造型、桌面望板和腿部结构。清代广州通草画中的一款鬼子台，就是当时岭南地区非常流行的一款圆餐桌，其腿部由带三叉旋转体独挺柱为支撑，桌面则为圆形纯面状结构，桌面一般可以竖立以方便收纳，节省室内空间。整体而言，其产品形象和工艺结构与中国传统桌子相距甚远。除了这种圆形鬼子台，还有方形鬼子台。这是一种仿西式的折叠桌子，除了桌面采用面状造型外，其桌腿直接采用西洋洛可可式样，整个木作高挑时尚，清新利落。美人靠、贵妃榻则是体现西方传统价值理念和女性思想的一种新奇木作。它们造型纤细轻灵，装饰工艺考究，常采用软垫等物件，非常适合小憩。在此基础上，广东工匠又结合传统罗汉床和靠背椅的造型，创造了广式长椅这一新的木作款式。与传统罗汉床相比，长椅的坐深尺寸相对变小，靠背高度相对加大，并将实体面板改为镂空样式，并采用线材攒接。与靠背椅相比，广式长椅是后者的加长版。在广东家庭中，长椅通常摆放在厅堂，以供双人或多人同坐，非常适合传统家庭。相比木作款式，广东传统木作的装饰要素更能体现求新善变、兼容并蓄的思想特点。它们不仅直接运用西洋装饰要素，而且还注重中西元素的兼容创新。在装饰纹样中，最为常见的应首推西式动植物纹样，如贝壳纹、涡卷纹、西番莲、莨菪叶和卷草纹等，它们不仅出现在柜架木作的装饰构件中，还大量用于桌椅木作的结构支撑件。在广东传统木作腿形构件上，又以狮抓球、山羊猫脚、旋柱体及仰俯莲瓣纹运用较多。这些元素来自于西洋洛可可、巴洛克等传统样式，工匠们均对其进行了二次创作和演绎。例如，狮抓球和山羊猫脚，广式木作摒弃了法式洛可可或巴洛克的镀金脚套饰件，直接采用雕刻工艺来充分展示木作的材质特性。除此之外，广式木作还吸收了西洋吉祥寓意图案，如金杯、盾牌、绶带、天使等纹饰。这些造型元素，具有西方典型的浪漫主义色彩，不仅可以作纯装饰之用，还可以化作木作结构，与曲线形、S形、C形等造型要素相融合，尽显广式木作的富丽奢华与异域情趣。

西番莲是一种原产于西欧的多年生草本植物，其花形类似于中国牡丹。西番莲丰富的内涵使其在广东传统木作中得到广泛应用。在使用西番莲纹样时，通常以一朵或多朵花组成中心，然后对称展开枝叶，形成一个类似于中国传统的扭曲图案或包裹状图案，也可根据木作构件的大小或装饰需要自由变换，呈现出连绵不绝的吉祥寓意。一把有束腰的紫檀扶手椅，可在不同部位使用西番莲图案，如在背板中间、四条腿顶部，而在看板中间用灯杆叶装饰。花和叶流利的线条形成了整体呼应，实现了中西美学的完美结合。但仔细观察，在这整个扶手椅中，这些装饰图案都发生了局部变化。例如，以中国扶手椅结构为骨架，扶手的前、中、后立柱采用西式风格，雕刻细节采用中国莲花装饰；背板上，西番莲图案比例较大，视觉更为突出，但却是典型的中国花瓶轮廓造型；在背面，在传统椅背的基础上结合了西式贝壳装饰和卷角装饰。从大到小来看，整体木作的中西元素是相互兼容、相互补充的。

（三）功用审美——务实亲民，商业世俗

功能是指器物对人的有益作用，也是器物的价值。就木作这个产品种类而言，功能是判断木作是否有用的关键标准。审美是对器物创作的精神追求，是对器物功能的补充和延伸，体现了木作的两面性。

广东传统木作是中国传统器物的组成部分。其功能美学具有一定的地域性特征，也体现在意识形态层面。它的功能美学不仅务实、亲人，而且富有浓厚的世俗和商业气息。这一功能美学体现了中国工匠长期实践得出的设计思想，也体现了中华民族的气质精神。西汉王符在《潜夫论》中曾言：“大人不华，君子务实”，以“不华”“务实”来约束人们的日常生活。而在器物设计上，务实则更多的是对器物的物用观、人际观的考量。它不仅回答了“器物于人何用”的问题，还明确了“器物如何利人”的答案，即器物设计应以消费者为中心，以切实服务民众的生产生活为第一原则。亲民是一种亲和力，是器物对消费者的一种态度，也是设计者对消费者的一种关怀，应和了“治物者，不于物于人”造器传统。务实亲民，是中国造器传统的精髓，也是广东传统木作的设计思想之一。它如一座桥梁，将设计者（工匠）、设计受体（木作）和服务对象（消费者）连接起来，并演化成一种造器准则。世俗是相对宗教或高雅而言的，在艺术品质方面，世俗具有一种庸俗之感，还存在一定的务实成分。在商业活动繁盛的珠三角地区，世俗与商业紧密相连。商业是满足世俗的主要手段，世俗是商业的典型表现形式。相较于苏式、京式传统木作，广东传统木作的务实亲民、商业世俗是直观而全面的，不仅体现在木作的功能款式、技术工艺上，也体现在材料装饰上。

在西方传统艺术的影响下，广东传统木作的功能风格首先发生了变化。广式木作不仅具有多种功能和风格，而且满足了广东人的心理和生理需求。例如，女士椅又圆又轻，造型清新别致，在一定程度上糅合了西方洛可可和中国传统木作的魅力。在广东地区，女士椅常被用在内室和闺房，有时也可以放在书房里。女士椅整体上线条优雅，体现出一种为女性而设计的感觉。同时，改变了传统的水平座椅表面，采用前高后低的座椅面板，既增强了人体与座椅靠背的贴合度，又使使用者重心向后移动，有助于舒缓疲劳。从坐姿的角度来看，女士椅突破了坐在椅前的传统坐姿，在展示女性姿态之美的同时，也提升了使用者的舒适度，体现了广东工匠对女性的人文关怀。双层茶几整合了传统茶几和花几的功能，属于中国传统家具的进化产物。在高度上，双层梯度设计，不仅方便用户端茶，还在高层的多个侧面放置一些装饰器具，丰富空间层次，活跃室内气氛。放置时茶几的短边靠墙，长边靠椅，既缩小了使用者的心理距离，又保留了使用者的领域空间，满足了不同场合人们的需求。在结构上，双层茶几也进行了相应的调整。高层采用多侧悬臂设计，只使用挂齿来装饰，以便于放置器皿。在板的短边，只使用简单的线条来修饰，优雅又独特。总体而言，双层茶几不仅适合普通人，而且可以满足富裕家庭的需要。它是一种使用效率高、适用范围广的产品。姑婆木作是广东传统木作的又一个品类，实用又人性化是它的特征。与广东传统木作相比，姑婆木作的尺寸一般较小，与姑婆们的身材尺寸相匹配，也与卧室的尺寸相协调。在造型上，姑婆木作以实用为主，较少使用雕刻技术和珍贵木材，多运用曲线元素，体现简单和柔和的风格。这一做法降低了木作制造成本，反映了广东工匠对弱势群体的关注。

商业世俗是广式木作区别于中国传统木作及其他流派木作的一大特色，也是珠三角地区繁荣商贸活动和制造实践的必然结果。广东传统木作的商业世俗以满足市场和百姓日常需求为前提，带有一定的目的性和逐利性。在广式木作产生及其发展的各个阶段中，广式木作的商业世俗特点除了与造型装饰、结构工艺相关外，还与贸易加工模式有较大的关联。在造型装饰中，广式木作普遍运用西式元素，不仅拉近了中西式木作艺术的距离，而且也拓宽了广式木作销往西方的渠道，在让西方用户接受中国产品的同时，也带动了中国传统木作艺术在欧美的传播，形成了一种双向互动的趋势。清代《广州年鉴·卷十》记载了当年广式木作贸易的盛况：“‘杂木行’，该行专售由外洋运来之杂木……本年颇称发达，此木材专供建筑及私用，需用较多，家俬店生意亦颇旺盛，该行货物销途甚畅，获利者十居八九。”同时，对于国内及周边市场，西式元素的运用又迎合了当时社会审美的潮流。由于商业的逐利本性和对世俗的品位需求，广式木作也常常受人诟病，如整体比例失调、造型装饰媚俗、审美趣味低下等。以酸枝博古柜为例，其体积大，用料足，雕刻繁缛，是典型广式风韵的木作产品。博古柜整体造型以西式斗柜为蓝本，在外部装饰上又采用了中国传统纹饰。柜顶饰类似西式柜顶，中高旁低，雕刻中国传统龙凤纹饰，气势宏大；柜子腿足采用西式三弯腿造型，并以涡卷纹装饰，在望板处又雕刻立体牡丹；柜身则大面积采用玻璃材质，在立柱部分采用枝丫梅造型，形态写实。博古柜展现了广式木作壮硕厚重的风韵，也反映了其积藏的弊端。从整体上看，柜顶山花程式化表达严重，虽气势宏大，但给人一种头重脚轻之感；腿足虽采用了三弯腿，但过多的雕刻又破坏了其张力弹性，气韵臃肿呆滞；柜身采用枝丫梅装饰，但写实的梅花与其高洁的神韵相距甚远。因此，在雕塑装饰中，图案种类太多，过于写实且注重对世俗形式的描述，导致整体比例失衡，细节不尽如人意，意境粗俗。此外，由于样品加工和定制化的贸易形式，产品在美学方面缺乏吸收和转化外国艺术的能力，直接混合痕迹明显。虽然做工精致，但风格严重异化，这与中国传统木作和西式木作的主旨不同。

广式木作是中国传统木作的杰出代表，具有鲜明的广东地域和西方艺术特色。在设计理念上，广式木作在材料工艺、造型装饰、功能美学等方面与以往传统木作有所不同，它具有一定的开拓精神，既倡导新颖性，又要因地制宜，创造了广式地方木作范式的独特风格，影响了后来上海木作和民族木作的发展。在材料和技术上，广式木作不仅具有艺术性，而且坦率、开放，追求材料的直接性和工艺的坚实性。在造型和装饰方面，广式木作大胆寻求变化和兼容，造型自由，装饰直观，与高雅、世俗共存，又具有中西风格，反映了广东工匠创新和拥抱世界的精神。在功能美学上，广式木作坚持实用主义、人性化、器皿化的原则。虽然装饰复杂，业务世俗，但仍以满足市场和日常需求为第一要务。总之，从设计理念上看，广式木作继承了部分中国传统木作的精髓，也融合了西方的创作理念。

第二节　外来文化对广式木作的影响

中国传统家具的发展历史悠久，在几千年的历史长河中，具有鲜明民族特色和独特传统文化底蕴的家具风格逐渐形成。清朝中期以前，在闭门状态下发展起来的家具文化受西式家具艺术影响较小。直到清朝中后期，随着东西方经济、文化、思想的交流，中国文化、艺术为西方国家民族艺术注入了新鲜血液，同时中国文化和艺术也深受西方民族艺术的影响。清代广式家具是在中西文化交流的背景下发展起来的最具代表性的家具类型。明朝时，中国传统家具以明式硬木家具为主传播到世界各地。清代家具改变了明式家具朴素典雅的风格，取而代之的是庄重、华丽、奢华的新风格，逐渐形成了京式、苏式、广式三种风格。其中，京式和苏式家具更多地保留了中国传统家具的样式，而广式家具由于受到西方文化的影响，形成了独特的风格，并在当时取得了巨大的成功。

一、中西文化交流和广式家具的形成与发展

明清时期，随着国门的开启，广州因其特殊的地理位置，成为中国对外贸易和文化交流的重要窗口。因此，在新的历史背景下，中西文化更迅速、更大规模地碰撞、吸收和融合。清初，随着对外贸易的进一步发展，广州“十三街”洋务银行等仿效西式的商业模式相继建立。西式建筑需要配置与其风格相适应的室内装饰和家具，这些变化对广州传统家具制造业产生了很大影响。17 世纪中叶以来，清朝经济的复苏已进入繁荣发展阶段。统治阶级对物质生活有着强烈的欲望，追求一种灿烂、复杂、奢华的精神，其主要体现在室内陈设上。于是，华丽的清代家具应运而生，其中最具代表性的就是广式家具。广东是珍贵木材的主要生产地，又从南洋国家进口了丰富的优质木材原材料。为了表现出社会的繁荣稳定和统治阶级的品位，广式家具开始追求奢华、美观的效果，用材夸张，家具尺寸任意扩大和放宽。结果，广式家具迅速取代了明式硬木家具，成为清代家具的主要类型。清代中期后，广式家具有了更大的发展。这一时期，欧洲艺术的巴洛克、洛可可风格以及反映这一时期的奢华装饰工艺传入中国，大量的西方器物出口到中国。在当时拥有它们是时尚的。受这种氛围的影响，广式家具在造型、结构和装饰上开始模仿西方风格，成为晚清的一种潮流。

二、清代广式家具受西方文化影响的原因

（一）“西洋热”与中国传统家具的矛盾

自 16 世纪初葡萄牙人进入中国以来，西欧各国的商人纷纷来华。随着西方文化的不断引进，中国古代传统家具的发展也面临着挑战，这一挑战始于人们对西方艺术品的竞相追求。随着外国货物的大量进口，外国商品逐渐进入人们的生活。国外商品新颖、耐用、方便，深受当时人们的喜爱，使购买和使用外国商品成为一种时尚和潮流。西方商品的到来影响和改变了人们的生活习惯

和需求。其次，大量西式建筑和受西方影响的建筑的出现对家具提出了新的要求。16～17世纪，西式建筑类型、理论、材料和技术引入中国，并迅速传播。特别是在沿海城市，西式教堂随处可见，西式建筑出现在人们生活中，广州很多商人的房子都是西式的。这些西方风格的教堂和豪宅需要与其风格相匹配的家具。而建筑空间、形态和结构的变化，使中国传统家具的地位发生了改变。

另外，由于西式家具具有实用性强、成本低和适合机械化生产的特点，使得以手工为主的传统家具难以与西式家具进行竞争。

（二）西方艺术的审美特征与清代盛世审美取向的不谋而合

18世纪以来，对外贸易十分繁荣，清代经济取得了一定的发展。统治阶级奢侈的作风与日俱增，贵族和显贵们在竞争、夸大他们的财富。他们动员技术娴熟的工匠以大胆的风格和方式建造房屋、花园并制作家具，以此来彰显他们的地位。为了迎合清朝皇族和达官显贵的需求，清朝专门设立了"光木"家具生产厂，创办理念为刻意创新，追求精致奢华。清代各阶层对精致新颖家具的追求，为清代家具接受西方国家的影响奠定了基础。当时，西方经历了文艺复兴，巴洛克和洛可可风格的艺术在欧美各国广受欢迎。西式家具追求有许多雕刻、工艺品、马赛克装饰的美，如使用精美的浮雕或模拟自然的形状，像树叶、动物、水果或波浪，除此之外还有许多富有想象力的形象，如女神、天使等。与中国传统风格相比，西式风格给人一种光彩夺目、优雅的感觉，这符合当时的盛世审美追求，对清代家具产生了深远影响。

三、清代广式家具受西方文化影响的表现

在西方文化的影响下，清代广式家具出现了与中国传统家具不同的地方，主要表现在以下几个方面。

（一）家具品种的创新

1. 橱柜类

中国传统橱柜类家具包括衣柜、床头柜、酒柜、多宝柜、货架柜等。中国传统衣柜通常是将衣服折叠存放在柜子里。受西方生活方式和西式家具的影响，清代出现了一种特殊的衣柜，取消了内部隔断，将挂轴安装在衣柜内用于悬挂衣服，又把玻璃镜安装在衣柜门上。酒柜、多宝柜、货架柜等传统家具以单柜、桌、架的新形式出现，使单一家具集多种功能于一身。

2. 床榻类

斜床是中国传统罗汉床和西式斜床的结合体。床侧壁为倾斜弧形斜坡，适合人体斜倚或斜枕，背部是传统罗汉床和西式斜床装饰工艺的结合。

3. 桌台类

受西方单柱式桌子的影响，中国传统的独立式桌子、梳妆台和写字台改变了形式。桌子的主支撑腿变为单腿，桌子的单脚又被分为三脚。独立式桌子的桌面有圆形和方形两种，且大部分可以旋转。自从玻璃镜引进以来，梳妆台成为清代妇女的新宠，它是受西式家具影响产生的一种新型家具。

4. 凳椅类

出现了新型家具旋转椅、X 椅。旋转椅的座面下安装有带滚轮的单柱腿，可以旋转。座椅表面、靠背、把手等的形状和装饰是中西结合的。X 椅是一种常见的西式座椅，最早出现在古希腊。广式家具中的 X 椅有一个半圆形的下表面和前后交叉的四条腿，在当时非常流行。

5. 其他类

出现了新型家具衣镜、冰箱、灯座等。清代时，广州开始从国外进口玻璃。在屏风上安装"锡玻璃"就可制成衣镜。冰箱是受西方文化影响，清代官家制作的一种有趣家具。这种家具有一个专门用来储冰的木箱和一个锡纸板箱。冰箱底部有一个框架，使箱内的冰能长期保持不化，具有保存食物和散出冷气冷却房间的功能。19 世纪末，广州开始使用电灯，在家具中开始出现了带灯泡的灯座。

（二）对家具造型的影响

1. 曲线造型

中国是一个著名的"礼仪之邦"，崇尚端庄大方的行为，这种文化审美观在中国传统家具的设计和生产中得到了体现。中国传统家具崇尚直线条，显得方正、端正，给人以正义感和安定感。受西方巴洛克和洛可可风格的影响，清代广式家具引入了大量优美的洛可可式线条，以及丝带、卷轴等曲线条，设计了凸台、波浪形屋顶、卷轴柄等部件。

2. 尺寸

西式家具的尺寸科学实用。受其影响，广式家具尺寸变化明显。以座椅为例，广式家具简化了结构，降低了座椅表面离地高度，减小了座椅表面宽度，升高了座椅靠背。

3. 腿足

在西式家具的影响下，家具的腿足发生了明显的变化。传统家具的直线型腿足越来越少了。广式家具以提倡曲线的西式腿足为参照，借鉴了西式腿足风格，设计了旋转木腿、狮子爪和卷轴腿等部件。

4. 连脚枨的形式变化

中国传统家具的连脚枨对家具的腿足起紧固作用，多为赶枨式和步步高式。受西式家具的影响，家具脚网的结构和功能已经减弱，出现了工字枨、绳纹枨等装饰性更强的变体形式。

（三）家具结构的变化

1. 榫卯结构变化

清代家具贸易兴盛，流通范围广，许多用于出口的家具都通过海运运往西欧国家和美国。为了充分利用客舱空间进行运输，必须将家具进行拆卸，并装在箱子中。货物到达后，可以重新安装。这就要求家具部件具有较高的质量，不仅便于运输，还要便于拆卸和安装。出于流通目的，清代家具改变了明式家具的常见结构。这种情况在广式家具中尤为突出，例如，在明式家具中非常常见的横榫，虽然可令家具的结构非常坚固，但不易拆卸，因此不常用于广式家具。

2. 板式结构、胶合方法

一些借鉴西方模式的家具经常改变传统的结构和做法。传统的榫卯结构已不再是这类家具的主要特点，它们大多采用拼贴的方法来适应西方风格的车身结构。例如，法式竖镜衣柜是典型的西式风格，属于板块结构，采用拼贴方式安装西式玻璃镜，给人一种耳目一新的感觉。

（四）对家具装饰的影响

1. 新的装饰题材

（1）西番莲

西番莲是从西洋引进的一种花卉，原产于西欧，因其葡地蔓生，图案化后常作缠枝花纹。这种花纹线条流畅，变化无穷，各部分衔接巧妙，很难分出头和尾，所以可以根据不同器形而随意延伸。西番莲纹样多用于家具牙子、板面等的装饰。西番莲纹样与苏式家具传统的缠枝莲纹样完全不同，这也成为区别广式家具和苏式家具的一个重要特征。

（2）西洋卷草纹

西洋卷草又称莨苕叶，是一种灌木，生长在欧洲南部地中海沿岸。从拜占庭风格、哥特式风格到文艺复兴风格，西洋卷草纹是所有西洋艺术中最普遍的装饰元素。清代家具装饰追求吉祥寓义，体现了人们对美好生活的向往。卷草纹样繁复连续，寓意绵绵不断。卷草纹多出现在家具的牙条、背板、腿肩部位。

（3）西洋风景与人物

除了传统的装饰图案外，清代乾隆时期的器皿往往还装饰着西式的房屋、人物、动物等。这种用西方山水人物装饰的家具虽然不如瓷器那么多，但还是很有特色的。现藏于故宫博物院的广州十三行紫檀牙雕刻插画屏，主题是广州十三行。除此之外，贝壳纹样、盾形纹、竖琴纹等图案，西式建筑构件如门廊、哥特式尖拱等，也常被用作广式家具的装饰。

2. 新的装饰手法

（1）雕刻

清代家具喜欢大面积的雕、镂、刻。受西式建筑雕塑和装饰风格的影响，清代雕塑中物体的立体感和空间感也较强。尤其是广式家具装饰的雕塑，面积宽广而纵深，打磨精细，充分利用了浮雕、高雕、圆雕、立体雕刻等各种雕刻技术。每件高档广式家具都是一件精美的雕塑艺术品。

（2）珐琅

珐琅是一种不透明或半透明的有光泽材料，是将铅和锡的氧化物、硼酸盐、玻璃粉等化合物，加入不同颜色的金属氧化物，经焙烧研磨制成粉末状彩料后，根据不同的工艺，填嵌或绘制于胎体上。珐琅彩于 12 世纪出现在欧洲，13 世纪横扫法国，元末明初传入中国。清代用于家具装饰的珐琅工艺多为掐丝珐琅（俗称“景泰蓝”）、内填珐琅和画珐琅。由于珐琅工艺的艺术风格更适合皇室丰富华丽的装饰需要，用珐琅工艺装饰的广式家具尤其受到皇室贵族的青睐。

（3）西洋画（油画）

来自意大利的传教士朗·斯金恩把西方绘画中立体感和光影变化的概念引入了中国。一方面，他将西方油画和中国水墨画的技法进行融合，创作了大量符合清朝皇帝兴趣和利益的绘画作品；另一方面，他把西方油画技法传授给了中国画家，油画开始在广州等地流行起来。后来，人们把油画作为一种新颖的装饰手法运用到广式家具中。

清代广式家具是中国传统家具的一个分支，具有浓厚的中华民族文化精神。在广东海洋经济的大背景下，吸收和融合了以西方文化为主的诸多元素，显示出广东海洋经济的独特特征，表现了兼容、共存、相互促进的特点。这种中西结合的家具，在特定的历史条件下，已成为一种新的文化符号，为民族的传统生活方式增添了许多新的元素。它的发展反映了中国传统家具风格逐渐变化的过程，对我们今天在艺术设计领域倡导的“古为今用，洋为中用”具有一定的借鉴意义。

第三节　广式木作与京式、苏式木作的区别

一、广式木作与京式木作的区别

红木家具在明朝发展迅速。大家族基本上都使用红木家具，因此，红木家具的制作技术得到了极大的发展。直到清朝，外国文化的来到让红木家具的形状不得不做出改变。根据地理位置和对外来文化的吸收程度，家具的生产方法有了京式家具和广式家具。红木家具是木作的一种，接下来以此为例来阐述广式木作与苏式木作的区别。

京式木作的特点是：在选材、造型结构、使用功能、装饰工艺等方面实现了有机结合。京式主要造型类似广式家具，严谨稳重，典雅美观；线条主要类似苏式家具，运用大量直线；装饰力求华丽，雕刻精美，艺术风格灿烂。从装饰的角度看，京式木作多从皇室收集的古代玉器和青铜器中提取素材，巧妙地运用并装饰。京式家具上多镶嵌有金银、玉石、象牙、珐琅等珍贵材料，豪华的风格可与其他地区的家具媲美。因此，京式家具具有厚重而华丽的特点。还有一些京式家具由于过分追求奢华和装饰，稀释了家具的实用性，成为了纯粹的装饰。

广式木作的特点是：由于交通和对外贸易十分发达，吸收了大量的西式家具风格，且在材料不稀缺的情况下，广式木作是由粗材料制成的，如腿、脚、柱等广式家具的主要部件，无论弯曲程度有多大，一般不需要拼接，而是用来挖木。常见的广式家具，或用紫檀，或用酸枝，一件家具都是一样的木材，不混合其他木材。

广式木作家具的装饰主题和装饰品受西方文化艺术的影响，家具装饰大多是西方莲花图案。这种西式图案也被称为“西莲”，通常以一朵或几朵花为中心，向四周伸展，从上到下基本对称。其花纹雕刻深，刀法圆，研磨精细，雕刻风格，在一定程度上受到西式建筑雕塑的影响，雕刻图案提高了一些，有些部位与圆

雕相似。如果装饰是在圆形物体上，树枝和树叶大多是圆形的，而且每一面的装饰都巧妙地连接在一起，很难区分它们的头和尾。经过精磨，纹样表面光滑如玉，无刀凿痕迹。

二、广式木作与苏式木作的区别

广东地区开始较多的生产硬木家具可能是在清代初时候，或许也是随着苏式家具的影响不断扩大而开始兴盛起来的。

到清代乾隆时期，广州地区的家具生产已经今非昔比，出现了蒸蒸日上的兴旺景象，正如《清代广式家具》中所说的那样："占有天时、地利、人和的清代广式家具领先突破了我国千百年来传统家具的原有格式，它大胆地吸取了西欧造型等新的家具，创造出了崭新的广式家具。"从风格上说，广式家具可以称得上是中西文化的合璧。在此，针对流传下来的广式家具，从造型形态，构造工艺、制作方法以及装饰纹样题材和表现形式，都能清楚地看到外来文化对它所产生的影响是多么的巨大。它充分地表现出了一种独特的地域性，而这些，恰恰是同时代其他地区的家具所缺乏的因素。例如，苏式家具，始终没有如同广式家具一样的羊蹄脚、鲤鱼肚以及类似的部件性符号或样式，包括运用西洋图案的雕刻手法。苏州地区虽然也有制造广式家具中的产品或者也流行一些广式家具中的样式，但这些产品和样式也只是苏制的广式家具，而不能因为是苏式生产就称其为苏式家具。正像广式改制苏式家具中的圈椅一样，制作出的成品总不免缺乏广式家具的形象和特色，给人的是一种不伦不类的感觉，不能说其是广式家具。镶嵌大理石的盾形式靠背扶手椅、三连式和双连式长椅、通体雕刻的龙纹椅等，才是广式家具无可替代的代表性产品。

清乾隆时期，由于政治、经济、历史、地域等各方面的原因，以苏州为中心的江南，家具制作显得因循守旧。传统的束缚使它们没有像广式家具那样在改革创新的浪潮中冲锋陷阵，苏式家具很快地在全国失去了它原先的主导地位，从而被广式家具取而代之。

其实沿着传统轨迹行进的苏式家具，在时代潮流的推动下，也进行着各方面的改良。被一些人捧为清式家具的开创者、革新者的李渔，其实就是苏式家具的一位改良者。这位出生于钱塘医家、富有天才的戏曲家和一代名流，长居金陵，到过苏州，游历了全国很多地方，还去过广州。他对物质功能的种种科学见解，在人与物之间提倡使用与精神统一的思想，同样体现在他对日常使用的家具设计中。他不仅自己设计暖椅，主张箱柜多制作抽屉，还特别强调制器只有美材加良工才有真正的价值，并对“因其材美而取材以利用者未尽善”的现象提出了批评。虽然苏式家具的改良让它跟着时代的推进发生了某些方面的变革，失去了不少“明式”的精髓，但依旧在传统的基础上走着自己的道路，依旧作为苏式而区别于代表“清式”的广式家具和京式家具，它是代表清代的苏式家具。

总之，明清之交，苏式家具把最负盛名的“明式”风格推上了历史的巅峰，同时，在相当长的一个历史阶段，保持了这一伟大的传统，这是苏式家具的伟大的传统，这是苏式家具最辉煌的岁月。清代中期后的苏式家具在改良中不断出现新面貌，并越来越受到广式家具和京式家具风格的影响，产生了各种变体，使苏式家具形成了许多新的形制和式样，但它没有像广式和京式家具一样，完全成为一种清式家具。

第五章　广式传统木作装饰元素之镶嵌

本章主要探讨广式传统木作镶嵌常用的材料、镶嵌装饰的美学法则以及镶嵌装饰的题材与技术。

第一节　镶嵌常用的材料

镶嵌材料取材广泛，多种多样，应用较普遍的有贝壳、牙骨、石材、金属、木材、螺钿、陶瓷等。

一、石材

石材是自然界的产物，采自天然岩体。许多天然石材具有图案美观、装饰性好、加工性能（如切削、抛光、钻孔、雕刻等）好、耐磨性好等特性。另外，石材的种类和形式多种多样，能迎合人们崇尚自然美的审美情趣，深受人们喜爱。

天然石材种类繁多，大致可分为大理石和花岗岩两大类。各种大理石、石灰石、白云石、砂岩、页岩统归为大理石类；花岗岩、安山岩、辉绿岩、片麻岩统归为花岗岩类。

大理石，主要指云南大理县苍山大理石。它是最昂贵的一种石头，其美举世闻名。在大理石中，白如玉或黑如墨的品种是最珍贵的，而白微带青，黑微带灰会次一些。

祁阳石，来自湖南省祁阳县。祁阳石石质不甚坚硬，温润细腻，多呈紫红色，石色匀净，常见浅绿色石脉。色佳者有山水日月人物之像，尤以紫花者稍胜。

南阳石产于河南南阳，石质坚硬且极为细润，大部分是浅绿色调。有纯绿色花、淡绿色花、油白色云几种，以纯绿色花为最好，其他逐渐次之。

玉石原料包括蓝宝石、碧玉、白玉、墨玉、翡翠、水晶、芙蓉石、孔雀石、青金石等，常用于镶嵌家具的扶手、屏风、挂屏等。

从清代大量传世的家具来看，大理石镶嵌的家具非常多，南北通用，范围非常广，是清代家具装饰的主要方法之一。例如，红木大理石屏风靠背床，床的三个侧面为屏风形状，在红木框内镶嵌大理石芯。大理石是灰色的，有着自然美丽的图案和纹理。石头和木头的结合是平静、优雅和有意义的。

此外，将大理石镶嵌在家具上也是广式家具的特色之一。广东地处亚热带，气候炎热，是一个高温地区，人们喜欢将大理石镶嵌在家具的主要部位，如床屏、椅座、靠背等部位，不仅在色彩上起着鲜明的对比作用，还会在使用时给人一种清凉舒适的感觉。

二、牙骨

牙主要指象牙。骨主要指牛角、牛骨、大象骨等动物骨。

虽然嵌牙技术出现得很早，但在家具上镶嵌牙骨是清代开始兴起的。乾隆中期为嵌骨家具发展的高峰期。在加工过程中，保持了牙骨材料多孔、多分支、多节点、小角度块体的特点，可以防止脱落。即使时间长了，也能保持完整的造型。牙骨材料大多嵌在珍贵的木料里，如紫檀木。北京和广州的象牙镶嵌家具最为著名，浙江宁波的骨木镶嵌家具最为著名。

三、百宝嵌

百宝嵌是利用宝石、象牙、珍珠、珊瑚、玉石、水晶、玛瑙等珍贵材料的质地和颜色，形成山水、花船等装饰图案，然后镶嵌在器物上。因作品色彩缤纷，光怪陆离，故名百宝嵌。在良渚文化时期，这一工艺就开始萌芽，在明清时期形成了具有代表性的工艺。由于清代中后期奢侈品盛行，镶嵌材料的价格越来越高，种类也越来越丰富。百宝嵌装饰在这一时期盛行，成为家具制造中重要的镶嵌技术之一，达到了百宝镶嵌工艺发展的顶峰。百宝嵌是最豪华的镶嵌技术，更是一种独立的艺术形式，主要用于室内家具装饰。

四、陶瓷

明清时期镶嵌家具多采用各种瓷板，主要用于桌面、柜门、屏风等，有青花、粉彩、雕刻瓷等不同品种，是当时比较流行的镶嵌方法。瓷画大多采用山水、人物故事、树、石、花卉、吉祥图案等。这种家具装饰方法有独特的优势，不仅原材料充足，还为家具艺术增添了色彩。

第二节　镶嵌装饰的美学法则

所有的镶嵌图案设计都遵循一些构图规则。所谓构图，就是设计师在一定的空间范围内，为了更好地表达作品的主题和艺术效果，要表现出各种事物的形象，合理地组织和安排，处理好各种事物的关系和位置，结合成一幅具有艺术美感的整体画面。

通过对清代家具镶嵌图案的研究，可以总结出以下几种构成规律：对称式、中心式、均衡式、曲线式。

一、对称式

对称性是构图原理中最基本的构图方法之一。作为一种造型手段，它属于形式美范畴。所谓对称，是指基于图像的中心轴，在图像的两侧或周围相同或相似，或在图像的两侧相对于中心点相同或相似的图像。

在自然界中，我们随处可见对称的形态，包括花、草、树、动物、建筑物、日用品、装饰品等许多物体都具有对称的美。因此，对称的形式符合人们的视觉习惯。在视觉上，对称的形式会给人以统一的、自然的、稳定的、协调的、有序的、庄严的、优雅的、完美的、朴素的审美感受，尤其是注重中庸的中国人。所以，小到珠宝大到房屋和家具，有关对称的应用相当多。

二、中心式

集中构图是将主题图案安排在整个画面中心的构图方法，突出中心是其最重要特征。它把视觉中心放在图案的中间，用这种作图方法制作的图案能最大限度地吸引人们的注意。

中心构图是镶嵌设计中最常见、最常用的方法，可以表现出稳定、完整的装饰效果。中心构图不是把图案孤立地放在画面中间，这会让版面产生非常单一和空虚的感觉，是不可取的。所以人们一般从平衡的角度出发进行更好的布局，使画面主次突出，形成顺序。

三、均衡式

均衡式构图，也被称为平衡式构图，是构图的重要手段。画面的平衡是指画面中各元素视觉、重量的平衡和稳定，即画面的分布给人一种稳定感，从而实现完美、平和、庄重的艺术效果。平衡不同于对称。对称是最稳定的构图形式，它要求基于中心点或中心轴的完全对称以及且形状和体积的完全等效；均衡是一种形式上的“同构”与视觉、心理上的“体与体积等价”的关系，在构图艺术中，均衡更生动，比对称更具美感。

均衡构成集中于“均衡”中的“平衡”和“均衡”中的“变化”，即看似混乱，但实际上是平衡的；看似变化，但实际上是统一的。均衡构成的原则是追求多样性的统一和统一性的变化。

四、曲线式

与直线构图相比，曲线构图在视觉上更生动灵活，富有节奏感和灵性，更具启发性和幻想性。

第三节　镶嵌装饰的题材与技术

一、镶嵌装饰的题材

清代家具镶嵌图案在明代的基础上有了进一步发展，图案内容更加丰富，在题材方面也有了拓宽。当时的工匠吸收和借鉴了西方外来文化，并与中国本土文化相结合，创造了中西结合的纹饰。多种镶嵌图案的设计更能迎合清代统治阶级对家具繁冗华丽的要求，也更符合统治阶级的审美需求。清代家具镶嵌图案题材丰富多彩，可概括为祥禽瑞兽类、植物花卉类、吉祥组合类、博古类、文字类、几何类等。

（一）祥禽瑞兽类装饰图案

自然界的各种动物与人类的生活密切相关，也是人类的朋友。各种动物有着不同的生态属性，而且人们在深刻认识动物属性的基础上，运用比喻和象征的手法进行动物图案的设计。动物图案大多选用人们崇拜和喜爱的动物，主要包括各种龙纹、凤纹、麒麟纹、狮纹，以及其他各种飞禽走兽纹，尤其以龙纹最为常见。

1. 龙纹

龙是中华民族的象征，以其尊贵、威武的形象存在于中华民族的传统意识当中，是中华民族的共同的精神图腾。传说中的龙矫健威猛，能兴云作雨、降妖除魔，是权威和尊贵的象征。龙作为中华民族的图腾，具有深厚的文化底蕴，所以龙纹在我国传统家具的镶嵌装饰中得到了广泛应用。

在传统家具的图案设计中，经常把龙和其他元素放在一起使用，如将龙和凤、祥云组合在一起表达“龙凤祥云”之意；两条龙在祥云之上相互嬉戏，中间再配颗火珠，称为“二龙戏珠”。在家具装饰中的龙纹又分为写实龙纹和变体龙纹两种，在变体龙纹中夔龙纹比较常见。例如，紫檀嵌螺钿纹宝座为清代早期螺螺钿家具之精品，其纹饰和工艺反映了康熙时期的风格和特点。座面上五屏式围子，后背、扶手上均用硬螺钿镶嵌绦环线，线内均饰龙纹，中间屏内镶嵌二龙戏珠，二龙中间镶嵌团寿纹，腿牙镶嵌螺钿夔龙纹。

2. 凤纹

凤凰被古人视为神鸟，居百鸟之首。传说凤凰出于东方君子之国，飞时百鸟相随，见则天下安宁，其声若箫，清高华贵。它的头似锦鸡，身如驾鸯，有大鹏的翅膀，仙鹤的腿，孔雀的尾，因此，凤凰的图案常被应用到家具装饰中。凤凰是人们心目中的瑞鸟，是天下太平的象征，也是皇权的象征，凤纹也被视为封建社会女性权利、地位的象征，常和龙纹一起使用。“龙凤呈祥”是最具中国特色的吉祥图案。

3. 鹤纹

自古以来，鹤被人们视为长寿的象征，深受人们的喜爱。另外，在中国传统的文化中，鹤又有一品鸟之称，寓意一品当朝或高升一品，地位仅次于凤凰，是高官权贵的象征。鹤纹常与松树“松鹤长春”寓意永远年轻长寿。

4. 麒麟

麒麟是古代传说中的一种神奇动物，与龙、凤、龟共称为“四灵”。它的具体形象为鱼鳞皮、牛尾、马蹄、龙头、独角。麒麟被古人视为仁兽、瑞兽，是人们心目中极为喜爱的祥瑞之物。麒麟作为吉祥神兽，寓意太平、长寿。另外，民间有“麒麟送子”之说，俗传积德人家求拜麒麟可得子，而麒麟送来的童子长大后必然是国家之栋梁。

5. 羊纹

“羊”与“祥”音近，“大吉羊”即为“大吉祥”，所以羊纹有祥瑞和吉祥的寓意，在中国传统装饰中经常使用。例如，有屏风镶嵌《冬景婴戏图》，画面为松海下竹石曲栏前一童骑羊，一童掌扇，一羊随行，另一童手执树枝，驱策一羊。因“羊”与“阳”谐音，故以此寓意“三阳开泰”。

6. 鹿纹

在古代，鹿被看成“仁兽”，是国家祥瑞的象征。在古代神话传说中，鹿为长寿之仙兽，人可以乘骑升仙。鹿主要有两种象征寓意：一是象征地位高贵，“鹿”与“禄”谐音，是古代常见的装饰纹样，禄鹤同春、福禄长寿、加官受禄等传统吉祥图案广为流传；二是象征长寿，特别是将梅花鹿、松柏的形象一起用，寓意长寿，常常在祝寿的礼品中出现此类纹饰。

7. 狮纹

狮是百兽之王，被视为瑞兽和神兽，是权利和威严的象征。古代有“一龙二凤三狮子”的说法。狮子外貌威严，自古以来就被视为法的拥护者。狮子的形象在民间也被广泛应用，雄狮子的形象一般是右前足踏鞠，而雌狮子的形象通常是左前足踏小狮子，还有雌雄狮子相互嬉戏、玩要绣球的形象，称为“双狮滚绣球”。

8. 蝙蝠纹

蝙蝠的“蝠”与“福”“富”同音，其象征意义在于五个方面：一寓寿，二寓福，三寓康宁，四寓修好德，五寓考终命。蝙蝠的形象一直被视作幸福的象征，因此，人们很早就把蝙蝠的形象用于传统装饰艺术中。蝙蝠的来临寓意“福从天降”，把一只蝙蝠刻在一枚有孔眼的古币上面寓意“福在眼前”，把蝙蝠和寿桃表达“福寿延绵”的美好愿望。

（二）植物花卉类装饰图案

清代木作的植物花卉图案题材十分丰富，主要有荷花纹、牡丹纹、梅纹、兰纹、竹纹、菊纹、松纹等，各种缠枝花纹和折枝花纹，还有各种蔬菜瓜果纹等。根据各种植物花卉的不同品性和特点，寓意也各不相同。例如，床上三面围子呈三屏式，后背稍高，两侧略低，皆为板材上髹黑漆嵌螺钿，四周镶嵌折枝花卉纹，中间镶嵌有牡丹、团花、蝴蝶、鸟和缠枝花卉纹等，床面四周镶嵌花卉锦边，面下壶门式牙板与床侧面齐平，方形腿，内翻马蹄，腿牙上皆镶嵌螺钿折枝花卉纹。

1. 牡丹纹

牡丹是我国特有的木本名贵花卉品种，被视为中国的国花，素有“国色天香”“花中之王”的美称。牡丹端庄妩媚，雍容华贵，兼有色、香、韵三者之美，让人为之倾倒。牡丹具有雍容华贵、花大色艳、富丽端庄、芳香浓郁特点，长期以来被视为荣华富贵、繁荣兴旺、幸福、和平的象征。

2. 荷花纹

荷花又称莲花，是佛教艺术中最常见、最重要的装饰纹样。荷花的文化内涵有以下几种：寓意纯洁，用来比作少女；寓意品性高洁，用来比喻高尚的君子；莲与“廉”谐音，寓意廉洁奉公，不徇私舞弊；并蒂莲花寓意夫妻幸福美满、相亲相爱；莲花和鱼的组合图案寓意“连年有余”；莲也有多子之意。

3. 花中四君子

菊花是中国十大名花之一，被赋予了吉祥、长寿的含义。文人对菊花的喜爱与开花时令有关，深秋时节，众花飘零，菊花独芳。志高性洁的文人从菊花身上看到傲岸、隐逸、清奇、坚贞、刚毅、无畏等品性，常以此自励。

梅花被誉为“雪中高士”，自古以来，人们都赞美它的傲雪精神，不与百花争春的高洁之美，常被用来比喻坚贞自守、不慕虚荣、清心雅骨的君子。另外，梅花有五片花瓣，又名“五福花”，梅花五瓣象征着快乐、幸福、长寿、顺利、和平，暗含有五福之意。

竹，是形态和构造较为独特的植物之一。竹文化是中国特有的文化。竹常用来比喻文人的高风亮节、品德高尚不俗。竹子、梅花图案都与人的高尚品质有关，经常在图案中组合出现。

兰花，被誉为“花中君子”，花朵幽香清新，风姿素雅，象征高尚的品德和坚贞不渝的人格，此外，兰花还象征着中华民族内敛风华的精神风貌。

4. 其他

（1）石榴：因石榴子多，寓意子孙满堂。清代家具中，以石榴为纹饰的很多，含有多子多孙之意，“榴开百子”在当时非常流行。

（2）葫芦：在传统家具的镶嵌装饰中常出现“宝葫芦”的图案，象征宝贵和吉祥。又因葫芦多子，象征子孙万代。

（3）松柏：在中国传统文化中，松柏历严寒而叶不凋，经狂风而干不折，是坚忍不拔精神的象征，也是长寿的象征。松与竹、梅组成“岁寒三友”，代表了挺拔、潇洒、高洁、孤傲、抗争等精神。

（三）吉祥组合类装饰图案

自古以来，人们采用象征、比拟、谐音、寓意等手法将各类图案题材组合在一起，形成特有的吉祥图案，寓意通常是四个字的吉祥成语，满足了人们不同的需求。

传统吉祥组合类图案是清代家具最喜欢用的元素之一。将几种不同题材的图案组合成一个新的含吉祥寓意的图案，是现实与理想、理念与审美的巧妙融合，寄托了人们对美好生活的向往。到了清代中晚期，吉祥组合类图案的应用达到了历史高峰，所有的装饰图案都必须含有平安、吉祥、富贵的寓意，如喜上眉梢、麒麟送子、松鹤万年、福寿双全、双鱼吉庆、富贵有余、多子多福等，都深受人们的喜爱，很多图案沿用至今。例如，花瓶和如意组合在一起，寓意“平安如意”；两个柿子和如意组合在一起，寓意“事事如意”；佛手和桃子组合在一起，寓意“福寿双全”。

（四）博古类装饰图案

博古类装饰图案主要包括古瓶、玉器、三脚炉、书画、文房四宝等，博古图案具有古色古香的魅力，给人以美的享受，寓意家族富贵。博古类图案是一组用其他材料或工艺图像（如绘画、雕塑、镶嵌等）表现早期古董的作品，这种做法在清朝中期以后特别流行。例如，“暗八仙”图案是将八仙的宝物组合在一起，八仙不直接出现在图案中，所以被称为“暗八仙”。

（五）文字类装饰图案

清代家具上还经常镶嵌吉祥文字和诗文。常见的吉祥文字有福、禄、寿、喜等，有被称为“团寿”的图形寿字，还有用各种书法或变体形式组成的“百福”、“百寿”、“百禄”、“百喜”图，而诗文主要是镌刻一些名人名家的作品。这些文字类图案能体现出书法艺术、传统文化与家具艺术的相应相生以及中国人的审美兴趣。

（六）几何类装饰图案

几何类装饰图案主要包括波纹、绳纹、回纹、灯笼纹、盘肠纹、冰裂纹、人字纹、方花纹、方汉纹、灵格纹、钱纹、龟背纹、连环纹等，一般具有造型规则、形象生动等的艺术特征。

卍纹不是汉字，原本是古代的一种符咒或宗教标志，代表着太阳和火，是吉祥、幸福的象征。将“卍”连续不断地衔接在一起延续下去，寓意“万寿无疆”。在清代家具装饰图案中，卍纹以其美好的寓意深受人们喜爱。

盘肠纹，是模拟带线绳编织而成的几何图案，其形状是菱形，为多绳编织组合，给人以无限的视觉感受。因此从图形的角度看，它具有“长久”的含义。

方胜纹又称“优盛、玉胜”等，是清代最常用的装饰图案之一，由两个菱形压角相叠而成，寓意吉祥。

二、镶嵌装饰的技术

由于镶嵌材料与镶嵌类型不同，镶嵌技术也有较大差异。按照镶嵌的方法分类，镶嵌技术分为平嵌法、凸嵌法和框式镶嵌法三种。

（一）平嵌法

平嵌法，即嵌件表面与地面齐平。这种镶嵌方法可以在不影响家具使用功能的情况下美化家具。它也是一种常用的镶嵌方法，用于桌面、椅背等部位。平嵌法主要用在漆器家具中，也可用于硬木家具中。

硬螺钿镶嵌的工艺流程一般包括以下步骤。

（1）制作镶嵌元件。根据装饰的需要，设计马赛克图案，将各种贝壳打磨、雕刻成与图案形状相同的薄片。

（2）绘图形并挖槽。在镶嵌家具表面画出镶嵌图案的轮廓，并用雕刻工具沿轮廓边界雕刻凹坑。根据设计要求，坑深应等于镶嵌图案的厚度，坑底及周边应平整、整洁。

（3）涂胶并镶嵌。在坑的周围和底部涂抹一层均匀的粘接剂。将加工好的镶嵌件嵌入坑内时，应加一定的压力，使镶嵌部位光滑、牢固。

（4）修整和抛光。粘接层固化后，根据镶嵌图案，选择合适的工具进行打磨，使马赛克图案清晰，表面光滑整洁。

（5）雕塑。在镶嵌材料上雕刻，突出装饰效果。

（6）上漆。按实际要求进行上漆、打磨。

事实上，大多数薄螺钿镶嵌都可以直接用粘法完成，也就是所谓的“点螺”。贝壳在特殊溶液中浸泡后，外壳会变得软而薄，可将其制成所需的图形。当漆器不干、不粘时，将它一点一点地嵌入底漆上。有的还会加一些金丝或金片，以增加装饰性。然后再经数次擦漆、抛光而成。

骨嵌装饰在古家具镶嵌中也占有重要地位。在清代，牛骨一般在嵌入木料后进行平滑处理，然后再进行髹漆，精细的地方可以继续描绘。这种工艺属于平面镶嵌类，风格与螺钿镶嵌一致。这种技术的特点是可以很好地体现黑白的装饰意蕴。

（二）凸嵌法

凸嵌法是根据镶嵌装饰的需要，在彩漆家具或硬木家具上雕刻相应的凹槽，然后将镶嵌物粘在家具上。镶嵌体的表面高于基板的表面。由于嵌体突出的特点，嵌体装饰具有很强的立体感。

百宝镶嵌是一种典型的镶嵌方法。镶嵌体的表面高于基体，容易磨损。因此，这一方法主要用于不影响家具功能的部件。百宝镶嵌适用于屏风、柜门、书桌、椅子等大面积表面镶嵌。百宝镶嵌常给人立体浮雕的感觉，画面显得生动逼真。由于不同的镶嵌材料有不同的颜色和纹理，应根据镶嵌图案的不同内容选择正确的镶嵌材料。同时，百宝镶嵌对镶嵌件生产工艺的要求也很高。

百宝镶嵌的工艺包含以下步骤。

（1）所选材料按照图案造型雕刻成山水、树木、花船、梯田、人物等，也可以被加工成浮雕图案。浮雕图案的底部应从外到内缩小，以使底部更窄。浮雕图案应紧密结合并抛光，以便于镶嵌。

（2）根据设计要求，在漆器表面设置浮雕图案。浮雕图案是用针沿图案边线雕刻而成的，然后用雕刻刀将浮雕图案轮廓中的漆面和灰层分为四个面。雕刻深度取决于镶嵌图案的厚度。

（3）在漆面上雕刻图案的部位，填充细漆灰或膏体，然后插入浮雕图案，去除多余漆灰。

（4）除浮雕图案外，表面刷清漆一道，待油漆干燥后打磨光滑。

（三）框式镶嵌法

大理石镶嵌、瓷板镶嵌、玻璃镶嵌、木雕镶嵌等主要镶嵌方法均为框式镶嵌法。

框式镶嵌工艺包括以下步骤。

（1）根据家具设计图纸，先制作框架构件，然后在框架构件的背面对框架进行周边切割，即加工凹槽。与镶嵌件的厚度相比，槽应平整光滑。

（2）制作镶嵌元素。框架构件的镶嵌元素大多由大理石、瓷器、艺术玻璃等装饰效果好的材料制成，也可以用木雕板或其他材料制成。

（3）预埋构件。预埋构件的尺寸和形状必须与框架背面一致，以便预埋后在其周围留有间隙，避免将来框架构件的接缝结构变形和损坏。镶嵌尺寸、镶嵌槽和镶嵌组件不黏合。

（4）镶嵌件插入槽内后，在镶嵌件背面覆盖一块宽度和形状相同的板材，并在板材外围压上一条厚度和宽度相同的木条，用木螺钉或圆螺钉固定在框架结构上。该工艺与木框架面板结构在家具结构设计中的做法相同。

第六章　广式传统木作装饰元素之木雕

第一节　广式木雕的内涵

中式木雕历史悠久，是传统雕刻艺术的重要门类。它的产生和发展与中国的地理环境、文化传统、民俗观念和生活习惯密切相关。广式木雕作为中式木雕艺术的一个重要分支，在其萌芽、产生、发展和成长的过程中，不可避免地与地理环境、地方文化传统、地方民俗观念和传统习惯密切相关。

一、木雕的发展演变

（一）木雕的源起（新石器至秦汉时期）

中国幅员辽阔，木材资源丰富，为我国先民广泛利用木材生产产品奠定了良好的物质基础。此外，中华民族是世界上最早选择耕作方式生存的民族之一。我们的祖先很早就开始在这片土地上使用木材。起初，人们把树干分成两部分，中间挖空，做成一棵树。我们可以把这看作是木雕最简单的用途。后来，在劳动过程中，真正的木雕用品开始出现，种类逐渐增多。耕地的犁耙、猎刀的刀鞘等，可以说是木雕艺术的雏形。

中式木雕起源于什么时候，我们无法确定具体时间，但有一点是肯定的，在人类掌握了制作工具的技能后，木雕是通过劳动慢慢被制作出来的。“人类创造活动的根本目的，首先是满足生产和生活的需要，这与人类生活的原则和价值观密切相关。”

1. 木雕的萌芽——新石器至商周时期

从历史记载来看，木雕艺术的起源和产生可以追溯到新石器时代晚期的制陶工艺。恩格斯在《家庭、私有制和国家的起源》一书中描述了古代陶器的制作场景：“陶器的制造，都是由于在编制的或木雕的容器上，涂上黏土，使能够耐火而产生的。这样做时，人们不久便发现成型的黏土，即不要内部的容器也可以用于这个目的。”这种木制容器无疑是由切割、铲削工具如石斧和锤子制成的。这种木制品加工技术可以称为原始木雕技术，也可以说是这种简单生产活动萌芽了木雕技术的雏形。

7000多年前，浙江余姚河姆渡遗址出土了一只木碗。木碗的腹部呈葫芦形，口径椭圆形，外表面涂朱砂漆。它是目前发现的中国最早的木制容器。在后来的夏商文化遗址中，出土了人量的木器，如在盘龙城夏商古墓中就发现有雕有饕餮纹与云雷纹的木质用具存在。

随着生产技术和生产力的不断发展，也出现了其他材质的生产工具。从新石器时代遗址出土的文物来看，有大量生产工具、日用品和装饰品采用陶、石、玉、骨等材质，其表面都有精美的雕刻装饰。这些雕刻装饰能提供良好的木雕艺术参考。

商周时期，随着手工业和农业的分工和发展，特别是手工业技术的快速发展，生产力和生产技术的发展速度得到了极大提高。青铜冶炼铸造技术的应用为青铜工具的发明创造了条件。此外，青铜工具的出现和使用也进一步推动了木雕技术的发展。据史料记载，当时的政府手工业十分完备，许多手工业与雕塑艺术有关。据《礼记・曲礼》中记录，“天子之六工，曰土工、金工、石工、木工、兽工、草工典制六材，五官致贡曰享。”木工是指木工技术。周代有珠翠、象牙、玉、石、木、金、革、羽等八材之分，据《周礼・冬官考工记》中记录“刮摩之工——玉、栉、雕、矢、磬”，其中的“雕”是指专门从事木雕的艺术家。从历史资料上看，殷商时期的“六工”、周朝的“八才”足以说明当时木雕已经在国家的控制和管理之下，木雕技艺得到了很大的提升和发展。

从商代盘龙城遗址出土的一具雕刻棺材来看，当时已有浅木雕的雕刻工艺，雕刻纹样线条流畅，深度和厚度均匀。雕刻模式设计和操作技术都达到了比较高的水平，形成了相对固定的模式。其木雕的形式是浅雕。

由此可见，商周时期的木雕是中式木雕艺术发展的重要开端，在木雕艺术逐步发展、达到更高技术水平的过程中起着至关重要的作用。

2. 木雕的兴起——战国至秦汉时期

春秋战国时期，封建社会在一个社会变迁时期逐渐兴起，新的生产关系促进了生产力的发展。炼铁工业的出现加速了工业技术的进步，也使手工业的分工越来越精细。斧、刀、锯、锥、凿等铁器相继出现，为木雕艺术的发展提供了物质基础。此外，“百家争鸣”，文化大兴，在学术思想上取得了较大进步，为理论和意识形态提供了基础。孔子是这一时期著名的思想家和教育家，在《论语》中有一句话“朽木不可雕也”，可以说当时木雕艺术的影响非常大。当时，木雕行业又细分为建筑、家具雕刻、军事木雕、礼像以及活人塑像等不同类别。

木雕技术也从商代雕刻板上的浅雕发展到圆雕。例如，木雕作品“彩绘透雕漆箭菔”外形生动、简洁，雕刻工艺成熟，技艺精湛，整体协调一致。这是战国时期木雕艺术中罕见的圆雕，标志着春秋战国时期的木雕艺术发展到了一个新的阶段。

中国古代建筑的木雕装饰在世界建筑史上也占有非常重要的地位。中国传统木框架结构中木雕艺术的形成可以追溯到商代盘龙城遗址的大型宫殿群，它的建筑形式是迄今为止最早的“前后床”布局的例子。虽然建筑布局相对简单，但它也建立了中国古代建筑艺术的典型形式——“宫殿”，宫殿是贯穿整个封建社会的建筑形式。

到战国时期，建筑木雕艺术也取得了长足的进步。我们可以通过对“翠冠云耸，朱距电摇”的描述，体验凤凰被刻在宫殿上的气势。建筑木雕艺术的发展也成就了许多杰出的工匠。鲁班是当时著名的建筑师和雕刻家，他技术娴熟，富有创造性，为建筑和雕塑的发展做出了重要贡献，是当时建筑师和雕刻家的代表。

在继承春秋战国时期木雕艺术成果的基础上，秦朝木雕技术得到了很大的发展和完善。中国统一后，秦朝采取了一系列有利于政治、经济、文化发展的措施，创造了秦始皇陵兵马俑等杰作。此外，土木工程和宫殿也得到了极大的发展。虽然以上工程大部分都是史料记载，少有遗物呈现，但从秦代兵马俑的精雕细琢中可以想象那时的成就。显然，当时的木雕水平已经达到了一定的高度。

汉代木雕在中国艺术史上占有重要地位。除了继承战国、秦朝的艺术成就外，还保留了南楚浪漫主义的地方特色。充分运用圆雕、浮雕、线雕等技法，使线条与表面完美结合，木雕整体呈现了厚薄、简单、复杂的特点。汉墓出土的盘、勺、壶、盒、车船上的雕像、动物模型等，造型生动，线条流畅，艺术感染力强。汉代木雕为木雕艺术创作提供了新的形式和经验。

（二）木雕的发展（魏晋南北朝至唐宋时期）

从新石器时代到秦汉时期，木雕艺术的发展经历了由粗到细、由简单到复杂的过程。魏晋南北朝以后，木雕艺术逐渐成熟。

1. 木雕工艺的成熟

魏晋南北朝的三百多年，为中式木雕艺术的快速发展拉开了序幕。当时，由于朝代更迭频繁，战争不断，人们普遍产生了一种命运难以预料的虚无主义思想。佛教“四大皆空”的观念适应了人们的精神需要，佛教开始盛行，佛寺随处可见。木雕艺术种类繁多，数量庞大，广泛应用于佛教寺院建筑和佛像雕刻中。传统寺庙建筑中的梁、柱、拱门、走廊、门窗等都是精雕细琢、气势恢宏的。佛像栩栩如生，精致华丽。此时，木雕艺术的普及和发展规模远大于玉雕和石雕。

唐朝是当时世界上最强大的国家之一。随着政治、经济、文化的发展和对外交流的扩大，唐代木雕艺术也达到了历史的新高度。根据当时的史料《新唐书·百官志》记载，当时“国家设有工部，管辖全国的工匠；并设立将作监甄官署，掌琢石、陶土之事，供石磬、人、兽、碑、柱、瓶缶等器”。因为唐代的雕塑主要用于墓葬、宗教和建筑雕塑，所以木雕艺术也主要体现在宗教建筑和墓葬雕塑中。此外，唐代的木雕也开始用于建筑构件和室内陈设。床、乐器等日常用品均以雕塑装饰，雕刻图案多种多样，逼真生动。

在宋代，由于城市商业的繁荣和宋代主流意识的发展，整个社会的思想文化向世俗化转变。雕塑艺术的形式也得到了广泛的应用，在题材、表现形式和手法上呈现出更加多样化的面貌。这时，木雕除了继承唐代丰富生动的风格和成熟的手法外，也开始向现实主义、世俗化发展，呈现出当时的时代特征。除了佛像和寺庙建筑外，现实生活中的木雕艺术用品也开始大量出现，如文具、手杖、剑鞘等，雕刻精美，饰以人物、禽兽、龙凤等形象，反映了那个时候木雕的繁荣。

2. 建筑中的木雕装饰艺术

中国木结构建筑是由柱、梁、檩、枋等构件组成的框架结构支撑体系。在施工过程中，由于采用了具有中国特色的榫卯连接技术，具有良好的力学性能。唐宋时期，建筑中的木雕装饰艺术趋于成熟。

唐代木雕主要应用在佛寺中。如图 6-1-1、图 6-1-2 所示，山西五台山佛光寺正殿建于唐大中十一年，是中国现存最古老的木结构之一。主殿屋顶平缓，屋檐超长，屋檐下有巨大、坚实、简朴、稀疏的斗拱，雕刻精美，表现出优雅庄重的建筑风格，气势非凡。[①]

① 据薛拥军，广式木雕艺术及其在建筑和室内装饰中的应用研究，2012 年

图 6-1-1　佛光寺大殿内景

图 6-1-2　佛光寺大殿外景

建筑装饰木雕艺术在唐代已经非常精细，到了宋代更为成熟。《营造法式》是宋代李诫编修的建筑学著作，是李诫在两浙工匠喻皓《木经》的基础上编成的。这是我国第一本总结宋代和宋代以前建筑结构和技术建设规律的书。论述了木雕工艺，并根据加工形式将“刻”工艺分为四类，足以说明当时建筑艺术和技艺水平之高。目前，从宋代建筑遗存看，在曲木、斜撑、悬鱼、斗拱等传统建筑相对固定的雕刻形式上，木雕工艺和艺术达到了非常完美的水平。

图 6-1-3　山西晋祠盘龙柱大殿

图 6-1-4　山西晋祠的缠柱龙

宋代以后，木雕手工雕刻技术有混雕、隐雕、透雕、线雕等。杂雕为圆雕，遗存有山西晋祠盘根错节的缠柱龙，如图 6-1-3、6-1-4 所示；隐雕为地雕，去掉了雕刻的痕迹，除了雕刻中的图案外，还有一部分出人意料的凸起，从中我们可以看出宋代已经越来越多了。木雕被越来越广泛地应用于宫殿、亭台楼阁、寺庙和住宅建筑的雕刻构件上，形成了一种华丽、优美、奢华的建筑木雕风格。

（三）木雕全盛时期（元、明、清）

1. 木雕艺术的巅峰

元朝结束了中国历史上两三百年的领土划分后，出现了一个强大而统一的政治局面。明清时期也是中国历史上非常强大的朝代，社会生产力和经济文化发展迅速。元明清时期的工艺美术产业，包括木雕，随着社会生产力和经济文化的发展，进入了一个新的时期。

明清时期是中国传统艺术发展的辉煌时期。雕塑艺术已经相当成熟，技艺炉火纯青。明末清初，在继承唐宋雕刻技艺的基础上，木雕技术也取得了很大的进步。此外，随着雕刻材料的不断丰富，木雕的应用领域也不断拓宽，形成了建筑装饰、佛像、家具装饰、文学用具等多个创意领域，达到了极高的水平。木雕用品和玉、瓷、漆器等工艺品，应用于人们的日常生活。

2. 木雕艺术在明清建筑中的应用

明清是中国封建社会的最后一个时期，也是传统工艺美术达到最高水平的时期。另外，作为中国传统木结构建筑艺术发展的最后阶段，传统建筑在以往实践成果的基础上，又在建筑形式、结构、材料、技术等方面取得了很大的进步，达到了较高的水平，形成了较为统一的风格。其中，建筑木雕艺术装饰是这一时期木雕艺术的璀璨明珠。现在我们所看到的古代建筑木雕作品，无论是宫殿、寺庙还是民居，基本上都是明清时期的遗物。这些建筑在建筑的整体结构、部分构件的细节、木雕艺术主题表现形式和雕刻技术上都达到了很高的水平。

清代民居木雕艺术中出现了大量的人物，分布在梁坊、牛腿、抬头、梁垫等建筑构件中，人物更为丰富多彩，从仙女、皇帝到平民百姓，给民居增添了一种幸福祥和的气氛。其次是动植物图案，不仅形象表达多样，而且主题丰富。此时，木雕独立性的增加是一个鲜明的特点，其风格活泼多样，绚丽多姿。

此外，在继承前人技术的基础上，人们创造了两种新的建筑木雕工艺形式。一种是镶嵌雕刻的组合，将雕刻的部分粘在其他浮雕或雕刻的木构件上；另一种是泥塑，需要完成图案雕刻，然后粘贴到建筑构件上。镶嵌贴雕的出现，对建筑屋檐的装饰起到了积极的作用，并得到了广泛应用。

3. 木雕艺术在明清家具中的应用

家具木雕艺术装饰在明清时期达到顶峰。明式家具以其造型简单典雅、工艺精湛、用料优良、结构科学合理、线条突出而闻名。建模技术的主要形式是“线脚”。简单的吉祥的图案是雕刻艺术装饰的主题。整体精致、典雅、大方，艺术水平高，实用性强。

清初，家具在造型结构和装饰风格上都遵循了明朝家具的风格特征。清代中叶以后，家具造型趋于复杂，木雕艺术开始追求华丽、复杂的雕刻，也具有较高的艺术价值。与明代家具相比，清代家具更注重人造雕塑和装饰。清代家具主要产于广州、苏州和北京，每个地区都有自己的风格特点。“广式家具”“苏式家具”“京式家具”是清代三大家具名作。

广式家具是指当时以广州为中心的地区生产的家具的总称。在清代，广州是政府对外贸易的窗口。从东南亚进口优质硬木到广州，家具原材料丰富。因此，广式家具的特点是粗料、深木雕纹、圆刀、精磨，其雕刻风格、主题深受西式建筑雕刻的影响。西番莲图案经常用于主题，线条流畅，变化多样。此外，广式家具深受统治阶级的喜爱，成为当时家具的主流。其艺术成就高于当时的苏式、京式家具。

以苏州为中心的地区生产的家具被称为苏式家具。苏式家具形成较早，明式家具主要是苏式家具。清代中后期，受广式家具的影响，雕塑和马赛克的应用增多，雕塑和装饰风格主要集中在山水风景、神话传说等方面。

北京地区生产的家具称为京式家具，一般以清宫办生产的家具为代表。它的风格介于广式风格和苏式风格之间。其雕刻图案包括龙凤纹、动物纹、雷电图案等，其雕刻形式和家具造型极其奢华。

在这一时期，优质家具材料主要包括紫檀木、黄梨、铁力木、酸枝木等硬木，再加上精雕细刻的家具造型，清代中后期的家具以其优良的材质、精湛的工艺和雕刻而闻名。

4. 其他类型木雕艺术

明清时期的木雕除了建筑和家具上的木雕外，在佛像、文人用具、日用品等木雕作品上也取得了突出的成就。随着城市经济和文化的发展，中下层官僚、文人和普通公民对生活环境的要求越来越高，对艺术作品的兴趣也越来越浓厚。由于木雕取材广泛，其制作比金、银、陶等制品简单，一些书画家也参与了构思和雕刻，使得木雕艺术在展示和欣赏领域得到了迅速发展。

由于社会、政治、经济、文化、风俗等因素的影响，传统木雕艺术在明清时期达到顶峰，作品众多，题材丰富，种类繁多，超过历代，是中式木雕史上最辉煌的时期。木雕艺术辉煌，木雕行业也呈现出一派繁荣的景象。

（四）木雕回归时期（近代）

新中国成立后，随着工业生产的快速发展和人民物质、经济、文化水平的迅速提高，中国越来越重视传统文化艺术，倡导发展文化产业，木雕恢复了生机。工艺美术工作者在吸收和继承传统文化艺术的基础上，不断进行创新探索，创作出许多具有传统文化内涵的木雕作品。

随着社会经济、文化和对外贸易的繁荣，木雕艺术尤其是木雕家具艺术发展迅速。这一时期的木雕家具，无论在造型、艺术风格、图案等方面，都体现了中国传统的民族艺术风格。木雕家具雕刻图案丰富多彩，不仅吸收了动植物、神话传说、吉祥图案等传统题材，还创造了许多雕刻精美、栩栩如生的现代装饰图案。在家具结构设计上，不仅吸取了传统结构风格的经验教训，还为适应现代人的生活方式做出了一些创新。特别是在木雕纹样装饰方面，民间木雕艺术家摒弃了清末复杂零碎的雕刻特点，采用了一种简洁、生动、具有时代气息的现代艺术风格，给人一种清新优雅的感觉，更符合现代人生活的需要。

现代建筑装饰也出现了传统建筑艺术风格和木雕建筑艺术作品。在大城市、农村古镇的茶馆、宾馆等建筑中广泛应用于传统建筑风格的设计和装饰，大量使用了建筑木雕。这些建筑木雕继承装饰艺术，营造古风古韵，不断继承和探索，具有东方文化气质。

此外，木雕和陈列艺术品也逐渐进入了普通百姓的家中。各地建立了大量的木雕厂，大量的木雕展示艺术品和实用工艺品得到了拓展、开发和生产，丰富了文化艺术市场，美化了生活环境，满足了人们对物质、文化和精神生活的要求。然而，近年来，许多地方提倡传统文化产业化，导致相当多的人加入木雕行业，追求过多的商业利益，一些实践者缺乏文化艺术素养，木雕艺术作品的粗制滥造影响了木雕艺术和木雕工业的健康发展。越来越多的研究者应该关注并正确地引导大家在职业道路上的良性发展，要重视传统文化艺术，合理利用和创新。这也是本主题的目的之一。

二、广式木雕艺术的人文内涵

中国传统装饰图案往往是精神文化的载体，它们的真正价值在于承载着丰富的人文内涵。广式木雕艺术所采用的装饰图案，不仅为广东地区的手工艺文化、民间建筑和室内装饰增添了精致、优美的艺术效果，还在装饰之中蕴含着深厚的文化底蕴和丰富的文化内涵。

（一）以教与乐体现儒家伦理道德

几千年来，儒家思想对中国文化产生了深远的影响。儒学作为一种社会道德和伦理规范理论，要求人们在其理论的影响下修养自己，追求至善至美。广东人的道德观和社会意识也植根于儒家思想，代代相传，始终影响着人们的思维方式。广式木雕艺术的主题是将儒家文化所倡导的伦理道德，以教诲和欣赏的形式塑造成作品，用以警示和启发后代，影响世界。自古以来，在中国传统社会中，儒家伦理道德思想就一直占据着人们思想的中心地位。道德伦理作为人类社会的一种独特意识形态，深刻地渗透到人类的精神意识中，影响着人类生存和生活的方方面面。它与人们的价值观、情感意识和审美观念相结合、相作用，深刻体现了民间艺术丰富而深刻的文化内涵。儒家思想是广式木雕艺术装饰的艺术根源，伦理道德是他的作品中的典型主题，忠孝义是中国人民追求的一种道德规范和理想生活境界。这一思想的影响，也是广东许多华侨回国建祠堂的结果，促进了广式木雕艺术的发展。同时，在雕刻主题上，他们往往选择宣扬孝顺、忠贞、正义，或利用人物故事、植物类比等装饰性主题，或将谐音、象征手法应用于木雕主题内容。为了达到宣扬儒家伦理道德的教育意义和表达高尚的人文道德情操，欣赏木雕艺术的人往往可以从听、从看的过程中学习，修身养性，潜移默化地接受儒家道德教育，升华其精神。

孝道是儒家的重要道德规范，是中华民族的传统美德。在中国封建社会，特别是广东省，孝道观念一直贯穿于每个人的心中。这里的祭祖观念和地方观念很强，大多数人信仰神，崇拜祖先，他们相信他们的生产和生活活动是受祖先祝福的。因此他们建造了许多祠堂，其中也使用了相当多的“孝道”主题木雕。在中国传统文化中，有无数的孝敬父母、感人肺腑的故事，其中“二十四孝图”是以一种教育传播孝道的方式，在广式木雕艺术中得到广泛应用。

在儒学中，“节”是指人的正直品质。在文人艺术作品中，经常用松竹梅、梅兰竹菊等花卉来比喻人们的高尚道德情操，例如，用松木的挺拔、竹的高贵、梅的抗寒、菊花的清新、兰花的优美，象征一个人的正直品质和高尚理想。与儒家所倡导的道德规范和价值标准相一致的“格”，也是中国文人一生追求的目标。在广式木雕装饰的主题内容中，这些植物往往被用来表现人格的完整性，具体反映在传统民居建筑、寺庙建筑的装饰性木雕艺术作品中。

“忠义”是儒家所倡导的重要品质。朋友之间注重分享喜怒哀乐，提倡感恩，君臣之间注重忠诚，提倡在危急时刻挺身而出，这是人们追求的一种非常完美的精神生活境界。当然，在广式木雕艺术题材的内容中也有一些故事，如《三国演义》等表达忠君的故事题材往往会被雕刻成引人入胜的画面。

广式木雕艺术的主题模式包含了广东地区的社会条件因素和经济文化形态因素，它是民间地域文化意识的典型体现。它包含了相当丰富的儒家文化内容，无论是人物故事还是动植物图案，都是由技艺精湛的工匠雕刻而成，并以教育和音乐的形式依附于木雕艺术产品或装饰构件上，让人们可以随时在生产、生活中的任何地方了解和学习这些木雕主题图案背后的故事和意义，传达深刻的文化内涵，从而达到教育后代、警示世人的目的。

（二）宗教文化依赖于精神慰藉

从社会学的角度看，宗教寺庙是社会政治、经济、文化的载体。受儒家思想的影响，追根溯源、尊崇祖先的观念被广东人民普遍接受。明末以后，大批倭寇进入广东，海盗盛行，广东经历了多年的战争和动乱，所以大多数居民都是在同一宗族之间寻求庇护。大多数宗族合建了宏伟的建筑，大房子、大围墙频频出现，宗族观念也开始加强。宗庙和一些寺庙，作为血缘关系的象征，在人们心目中占有崇高而重要的地位。

广东农民对佛教的信仰和神灵的崇拜非常强烈，所以祖庙和寺庙遍布整个广东地区。“村建庙、家建祠”的风俗习惯和每年的农历春节祭祀神灵、赏神、送神，促进了广东寺庙、礼堂等神木建筑木雕艺术的迅速发展。各种装饰内容和主题也被广泛使用，而宗教和文化主题也已经出现。

在宗教主题中，动植物主题的使用有着悠久的历史和广泛的范围。动物主题中的狮子和马是佛教尊重的动物形象。狮子被称为百兽之王，在佛教中是抵御邪灵的权威和力量的象征。在民间建筑装饰中的狮子形象，无论是大门前的石狮、额头上的木狮，还是麻雀上的舞狮，都是朴素而粗犷的，在其威严中表现出顽皮与善良，更富有民间生活趣味。狮子滚绣球等木雕主题在木雕作品的装饰中很常见。舞狮绣球蕴含着对儿女子孙的祝福。木雕题材多与大狮、小狮同时出现，用谐音来形容“太师”“少室”（中国古代有太师、少室官职），祈求官吏福祉，也反映了母子之间的幸福和谐。如果一只大狮子和三只小狮子同时出现则表达“一母三惠”。

植物图案中的莲花纹也是佛教常用的装饰元素，同时，荷花也是古代文人赞颂的对象，它歌颂了出淤泥而不染的崇高品格。另外，我们经常看到在广式木雕中出现荷花与喜鹊所表达的“喜得连科”的主题。宗教文化和儒家文化对中国传统文化产生了深远的影响。它们被用于维护统治阶级和人民之间的信任，渗透到人民物质生活、生产生活、精神生活等各个方面。人们在受苦受难和与自然斗争的同时，将宗教作为自己的精神寄托，以期望天气平顺、粮食富足、长期稳定、事业顺利等。

因此，在广式木雕作品中，我们可以看到宗教图案与艺术作品的完美结合，感受到其深刻的思想内涵和丰富的文化内涵。

（三）艺术民俗化与吉祥图案的使用

所谓的艺术民俗化，其实就是我们所说的流行文化。所谓的大众文化，在当时是一种以未受教育阶层的品位为基础的文化。民间文化是反映广大人民群众的基层文化，它通常指劳动人民自己创造的文化，以此表达他们的生活和思想。

“西方的改造，东方的意义，外在的意义，形式和意义相互渗透。”这句话很好地阐述了中华民族独特的艺术思维方式。当我们评价一件物品或一件艺术作品时，它是否具有“形式与精神并存”的艺术特征，是衡量其质量的一个重要指标，即一件好的艺术作品不仅要有形式，还要有精神内容。在广式木雕艺术中，对木雕主题元素的选择、运用不仅是基于其形式美，也是要通过选择一些丰富多样的题材，或人物故事，或宗教故事，或花、鸟、鱼、兽等，通过谐音、象征、类比等艺术手法进行描绘。图案表达了人们对生活的心态和思想，反映了广东的地域文化和民族风俗，表达了人们对美好事物的期待和追求以及人们对幸福生活的渴望。

长期以来，无论是权利地位最高的皇帝还是权利地位较低的普通人，“长寿”始终是人们追求的首要目标。“长寿”这个词在人们的思想中一直被认为是吉祥的，长寿也是每个人的愿望。因此，长寿这个主题在广式木雕作品中很常见。桃、鹤、松都是长寿的象征。这些造型经常出现在木雕作品中，如“寿桃”“山形”“蝙蝠”“海波”等。

简而言之，就是把从古至今几千年来人们对家庭、事业和生活的祈祷和良好祝愿刻在木雕艺术作品上，以独特而传统的艺术表现方式传达他们的理想，这就是古代木雕装饰的主题，广式木雕也不例外。广东地区木雕装饰图案意义深远，其内涵之丰富足以超越其外部造型的美。同时，也可供当今产品设计和装饰设计参考。现代设计师从中汲取一些设计元素和人文精神营养，并将其用于现代设计，是值得我们借鉴的。

第二节　潮州木雕的兴起及其特征

潮州木雕是广式木雕的代表，是潮州地区一种具有地方特色的民间雕刻艺术。潮安、潮阳、揭阳、普宁、饶平等老城区的文化都属于潮州传统民俗文化的重要组成部分。据史料记载，潮州木雕始于唐代，经宋代完善，至明朝形成了完善的艺术体系，到清末进入鼎盛时期。潮州木雕以其独特的地理环境和历史文化背景，在漫长的历史发展过程中，形成了其独特的艺术特色。其题材广泛，形式多样，构图完整，布局合理，精美绝伦。在潮州，无论是寺庙还是民居，都随处可见精美的木雕艺术，因此，潮州赢得了“木雕城”的美誉。

一、潮州木雕的兴起

潮州木雕的发展主要与潮州的地理环境背景、历史文化传统背景有关，形成了独具地域特色的木雕体系，成为中国民间木雕典型代表之一。

（一）地理环境背景

历史上，潮州不仅指现在的潮州市，还包括潮安、潮阳、揭阳、饶平、澄海、普宁、揭西和五华地区。泉州、漳州、闽南也都属于潮州地区。潮州位于广东省东部，面朝大海，有汉江、榕江和连江三条重要河流。潮州三面环山，一面环水，位置上处于半封闭半开放状态。这种独特的地理背景影响着潮州木雕的形成和地域特征。

1. 潮州木雕兴起时间与原因

中原木雕的历史可以追溯到新石器时代。人类开始能够简单地加工劳动工具，如石斧、锤子和木制工具。后来，陶艺的发展也带动了木雕艺术的发展，为木雕艺术的发展奠定了基础。在奴隶社会，木雕产品几乎遍布宫殿。河南安阳商墓、信阳战国墓、湖北云楚汉墓都曾出土木雕文物。潮州位于广东省东部，三面环山，一面临水。由于地理环境的限制，木雕艺术的萌芽和发展较晚。直到唐昭宗统治时期，潮州木雕才有文字记载。当时在广州的官员刘辉，在岭南的外国记录中记录了他穿着的油画中的《枸杞鞋》。这也是当时广东官员的流行服装，也是潮州木雕最早的原型。潮州金漆木雕是北宋至元年《刻漏》一书中提到的，是一种近乎完善的潮州木雕。潮州现存最早的木雕作品是线条简单的木雕装饰品，如开元寺（公元 738 年）的木结构斗拱、屋檐等。

2. 潮州木雕地域特征的成因与发展过程

潮州自秦朝以来就建立了行政区划。潮州自然资源丰富，土地肥沃，气候宜人，物产丰富，为木雕艺术的发展奠定了基础。明清时期，潮州海上丝绸之路贸易发达，沿海地区经济发展迅速，为潮州木雕的发展提供了充足的资金。当地的富商建造了大量的祠堂和房屋。为了展示自己的权力和社会地位，木雕作品更为精致，甚至一些木雕构件都涂上了金，使之气势磅礴。潮州位于热带和亚热带之间，主要的常绿阔叶林树种是樟树、椰子树和枫树。它们不仅为人们提供了足够多的生产和生活资源，还为潮州木雕提供了足够的木材。樟树结构紧凑，不易开裂，无虫害，经济实惠，其易保存特性使其成为潮州木雕的主要材料。潮州全年气温 21 度左右，雨量充沛，气候湿热。虽然樟树被选作去除蛀虫威胁的材料，但由于气候湿热，樟树容易腐烂。所以潮州艺术家想到了使用金漆的方法，并取得了辉煌的艺术效果。金漆的使用不仅有利于保存，还符合主人炫耀财富的心理，这让潮州木雕形成了与其他木雕不同的地域特色。

（二）历史文化背景

民间美术的发展离不开地方历史传统的滋养，否则将失去其发展的基础。潮州木雕的历史文化背景主要包括中原文化、文化教育、民族民俗、姊妹艺术和“斗艺”机制等因素，这些因素促使其不断发展和进步。

1. 中原文化

潮州位于武陵山以南，东南与东海接壤，北与福建省、中原接壤。在古代，这一地区虽然与外界的接触很少，但仍受到外界文化的影响，南越文化与中原文化融为一体。公元前 214 年，秦朝从中原派遣平民组成的军队进攻并占领南越地区，庞大的秦军与当地的越人通婚，带来了中原先进的生产技术，提高了当地的生产力水平。同时，岭南本土文化也被中原优秀先进的文化所同化。从汉末、隋唐到明清，战争频繁发生，中原大量平民为了躲避战争向南迁移到潮州谋生。成千上万的中原人南下，不断传播中原文明，带来先进的生产技术，把文化和技术的一汪“活水”注入潮州。潮州还引进了雕塑、木雕等民间技艺。在漫长的历史进程中，民间木雕技艺代代相传，逐渐形成了具有鲜明地方特色的潮州木雕。

将潮州木雕（图 6-3-2、图 6-3-4）与四川汉画像砖（图 6-3-1）、山东汉画像石（图 6-3-3）、陕西石雕等中式艺术进行比较，可以很容易看出潮州木雕受到中原文化的影响。[①]

① 据郭肖蕾，潮州木雕《二十四孝》造型语言研究，2014 年

图 6-3-1　四川汉画像砖

图 6-3-2　潮州木雕

图 6-3-3　山东汉画像石

图 6-3-4　潮州木雕

图 6-3-5　唐乾陵石狮

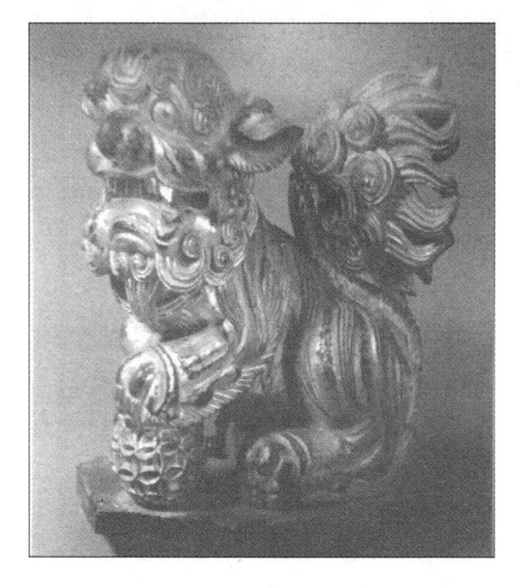

图 6-3-6　潮州木雕狮子

汉代砖石画像的构成是为了最大限度地利用画的空间。图像以平面的方式排列和显示，不同图形被排列到同一张图片中。潮州木雕作品构图饱满内容丰富，装饰风格也十分丰富。潮州木雕有山西木雕和安徽木雕的历史、人物、民间故事和神话故事。唐乾陵石狮（图 6-3-5）、潮州木雕狮子（图 6-3-6）造型具有装饰性和虚幻再现性，有力地展示了凶猛、健壮、强大的狮子。

通过这些比较，我们知道潮州木雕在悠久的历史中是兼容的，其艺术形式和精湛的雕刻技巧是完美契合的。

2. 文化教育

自秦朝以来，潮州受到中原文化的影响，文明得到了启迪。潮州刺史常怀德被贬潮州、唐宪宗贬韩愈到潮州、宋朝宰相赵定因得罪上级而被贬潮州，他们都把中原的文明和教育体系带到这里，致力于地方文化的发展和繁荣，极大地促进了潮州地区教育事业的快速发展。明朝时期，潮州先后建立了书院、学校和校田制度。校田制度是指国家划拨或学校自行购置一定数量的土地作为学校的固定资产，学校将土地租给附近的农民耕种，并收取一定数量的粮食或金钱作为租金来支持学校。潮州的教育事业发展迅速，文风蓬勃，涌现出一大批优秀的学者和政要。揭阳市黄岐山南麓凤内水库以北的潮州八仙纪念堂，山川秀美，是为了纪念唐宋时期潮汕地区八位圣人赵德、许申、张夔、刘允、林巽、王大宝、卢侗、吴复古而建造的。后来，潮州地区又出现了“八大圣人”，他们是明朝的薛侃、林大钦、翁万达、萧端蒙、林大春、唐伯元、林熙春和郭之奇。明朝嘉靖二十三年（1544 年），林光祖、章熙、黄国卿、郭维藩、陈昌言、苏志仁、成子学是潮州地区的七位学者。在当时的潮州，人们的知识和文化水平有了很大的提高。另一方面，人们对艺术的审美需求和对艺术美学的视野也急剧增加，民间木雕是在与其他民间艺术相互竞争、相互影响的过程中孕育和发展起来的，这是潮州木雕发展的文化基础。

3. 民俗信仰

潮州位于中国东南沿海，三面环山，一面环海。它处于半封闭半开放的地区，远离战争的破坏且受政治影响较小。长期以来，民间信仰活动的发展相对活跃、自由、稳定，偶尔也会有外敌入侵。为了抵御外敌，各宗族以血缘为纽带，共同生活、互相保护，强化了宗族观念。为了祭祀家族的共同祖先，各宗族建造了大量祖庙和宗庙。后来，它演变成规模庞大的祠堂，凸显了宗族的实力，更注重建筑的辉煌装饰和祖先思想表达。潮州木雕在这种环境下，获得了前所未有的发展空间。同时也有一些民间信仰活动，如祭祀神灵、祭祀神仙、佛教、道教和图腾等祭祀活动。《地方志》中提到潮州有“俗巫鬼崇拜”。受海洋文化的影响，潮州木雕也有以海洋为题材的鱼、虾、蟹、水草等木雕，表达了对丰收的期盼。在雍正乾隆之后，潮州人在这种思想的驱动下，在村落中修建了宏大的土木工程、祠堂，潮州木雕的各种祭祀用具发展迅速。

4. 姊妹艺术

潮州民间艺术种类繁多，如潮剧、潮曲、潮石雕刻、潮州泥塑、陶瓷雕刻、潮州花灯、木板年画、剪纸艺术、插画雕刻、潮州漆器、潮州刺绣、潮州戏衣艺术等，都具有浓厚的潮州地方文化特色和独特的艺术内涵。在这样的地域环境下，潮州木雕必然会受到这些民间艺术的影响，从而促进潮州木雕的发展。其中，潮州木雕的许多部分借鉴了印刷书刊中的插画雕刻以及潮剧的故事主题、舞台布局、造型语言、舞台表演的空间虚拟技术。

汕头市澄海县南溪乡赵家祠保存着一幅乾隆时期的金漆屏风画。屏幕上装饰着木雕艺术。明朝潮州木刻版画中，有李景记和李记的插图。插画风格更丰富，雕刻工艺技巧更高，形象更清晰可见，周边环境更精致，人物造型和服装更生动。将这些插画与木雕相比较，在构图、人物造型和线条运用上不难发现许多相似之处。显然，潮州木雕受到插画的影响。技法由浅浮雕向深浮雕演变，渗透程度进一步提高，大大增加了木雕的表现技法和画面内容的表现空间，有利于木雕的发展。

另一种姊妹艺术是潮州民间戏剧，它对潮州木雕的发展也起到了很大的推动作用。潮剧形成于明朝中期，凝聚了潮剧文化的精髓。它在潮汕、闽南、台湾以及潮汕人在国内外生活的地方很受欢迎。内容主要有民间故事、历史人物、神话传说、地方戏曲等，表达了人们对美好生活的向往和对中国传统伦理的尊重。这些内容深深地刻在潮州木雕艺术家的心中。他们经常选择一些木雕作品，如王文来西安、西乡记、郭子怡的生日庆典、桃园结义、空城记等，使之成为建筑或生活必需品中的木雕。在制作过程中，潮州木雕注重情节表现，选择具有代表性的故事情节逐一呈现，并借鉴戏剧的舞台布局、构图技巧和风格造型，使故事呈现清晰、完整。这些木雕作品选择人们熟悉的戏剧故事，满足人们的审美要求和教育需要。当人们看到这些木雕时，自然会产生共鸣，并从生理和心理上获得审美体验。因此，这些木雕作品深受群众的喜爱和欢迎。

5. “斗艺”机制

随着经济的发展，农业、渔业、商业的发展，潮州人开始出国经商和生活。之后他们衣冠楚楚地回家，花了大量的钱雇佣工匠，精心建造祠堂和寺庙，还将木雕装饰工程承包给不同的木雕艺术家。他们事先解释了项目中的构件的形状、尺寸、规格、主题内容和成本、完成日期等，协调后，定出界限，不允许艺术家互相窥探，直至完成，雕刻技艺优秀的将获得额外奖金。

木雕艺术家之间的相互斗争，不仅有利于装饰工程的出色完成，也有利于人们在相互竞争中研究木雕技艺，提高创作水平，促进艺术家的专业发展。

二、潮州木雕艺术特征

潮州木雕根植于中国传统文化。经过无数艺术家的继承、吸收和创新，形成了独具特色的木雕体系。其主要艺术特色是题材广泛、形式多样，构图饱满、布局合理，精致亮丽，美观实用。

（一）题材广泛 形式多样

潮州木雕在题材的选择上别具特色，表现的内容十分丰富，有山水花果、飞禽走兽、江海水族、历史人物、神话故事、戏剧故事、渔樵耕读、花草纹样等。还有的直接从实际生活中择取，大胆想象，利用材质特征进行精细创作。

反映历史人物的木雕有很多。例如，赞颂民族和谐的《文成公主》、表现鄙视权贵的李白的《太白醉写》、歌颂明朝七位进士的《七贤进京》。潮州木雕的题材大多数来自于当地的戏剧，而戏剧剧本内容又多来自于我国文学名著、历史传说和本土戏剧。常见的有小说故事，例如，来源于《三国志》《西游记》《水浒传》《杨家将》《隋唐演义》的《薛仁贵封王》《郭子仪祝寿》《甘露寺》《空城计》《铜雀台》《长坂坡》等，潮州戏剧中也都有。这些内容往往惩恶扬善、匡扶正义，情节引人入胜、跌宕起伏。

木雕上的人物也有些是来自于民间流传的故事。例如，颂扬伦理道德的《二十四孝》《百忍堂》；也有破除封建婚姻爱情观，勇于追求幸福爱情的《梁山伯与祝英台》《西厢记》《水淹金山寺》。

人们也会把有强烈生活气息和地域特色的动植物、吉祥纹样用于木雕。例如，高贵的鸟王凤凰；雍容华贵的牡丹花；象征福寿的蝙蝠、鹿、桃；籽粒众多的葡萄和果实累累的石榴，寓意多子多孙之家。人们通过事物的谐音、情感和风景来表达他们对美好生活的向往。

在长期的艺术实践中，潮州艺术家总结了潮州木雕的表现技法，主要包括浮雕、圆雕、一般雕刻和沉雕。综合运用四种技法，制作出各种形式的木雕作品，主要装饰在建筑、家具、工艺品和日常用品上。艺术家们会通过不同物体的摆放、其实际用途、主人的喜好和审美习惯进行综合考虑，选择适当的主题。他们将运用不同的雕塑技巧和表现形式，精心创作和雕刻出人们喜欢的作品。例如，广东省民间工艺美术馆里的一座大神殿，其中一扇门的水平装饰面与其他木雕装饰相比非常粗糙，装饰面下面是大面积的门窗装饰，而门窗是最重要的地方，也是非常突出的地方，其雕刻装饰格外精细，情节曲折生动。

潮州木雕选择了人们喜欢看到和听到的题材，结合灵活的表现形式，以精湛的技艺进行雕刻，迎合各行各业人民的审美情趣，深受广大人民的喜爱。

（二）构图饱满 布局合理

构图饱满、布局合理、装饰性强是潮州传统木雕的另一特点。通过对潮州木雕的仔细观察可以发现，潮州木雕的构成和布局有两个特点：一是潮州木雕的构图和布局，充分利用有限的空间，根据故事情节，将每一幅图平放，并且每幅图之间不会有太多的重叠部分，画面、情节清晰可见。在狭长的木雕中，通过对虚拟艺术语言的运用，在同一幅图画中安排了不同的情节，使画面构图饱满；二是画面布局合理，主体在中间，次要对象在周围，各种情节、器皿、场景起到阻隔作用，画面庄重有序。在构图上，木雕艺术家仍然遵循中国传统绘画的零散透视规律，采用适当的人物和景物变形，而不是照搬自然形式。

潮州木雕吸收了中国绘画和戏剧的精华。根据艺术创作的需要，通过各种雕塑技术，突破了事物的空间局限性。在戏剧表演画面中运用空间虚拟技术，可以充分利用有限的空间，形成一个连贯的故事情节。这种特殊的图案在潮州木雕中被称为“道”，在中国画中经常使用“S”或“Z”字形的构图方式展开，引导观众沿着人物活动的路径了解事件，从而了解整个故事及背后的意义。图中多采用散点透视法。这种方法尽管在人物、山岳、树木和厅堂中存在错位，但几乎没有近大或远小的视觉效果，而且它们的比例也与现实世界大不相同。虽然雕塑很精致，但只有运用象征性的虚拟造型技术才能说明这一形象的存在以及欣赏到事件发生的环境背景。由于潮州木雕故事大多来源于戏曲，人物的服饰和行为表现出程式化特征，但人物之间的关系生动鲜明。潮州木雕还吸收了戏剧的表现手段，由于木雕的面积有限，不能表现大量的场景和人物。通过潮州木雕中几个代表宫廷和礼堂的案例可以看到，仅仅是城市的大门，几个人物和几匹战马，就让潮州木雕上的故事生动、有趣，充满活力。

（三）精致亮丽

潮州木雕造型的特点是精美、亮丽。嵌在建筑梁柱和大型家具中的木雕体积庞大，与人们的视线相去甚远，在刀雕上很粗糙。但一些小物件上的装饰性木雕非常精致，其所描绘的人物情节复杂，对象多样。如门窗、门楣、神龛、炉灶、碗柜、香炉、灯笼等雕刻面积较小的物体，木雕艺术家会做三层或四层以上的镂空雕刻来安排人物场景，层次分明，多而不乱，秩序井然。木雕中有的人物甚至只有几厘米高。

例如，广东民间工艺美术馆收藏的《凤凰牡丹》（图 6-3-7），作者运用写实的雕刻技法，层层叠放，在上部雕刻了三个不同姿势的凤凰，在一簇盛开的牡丹中嬉戏，下部雕刻了几朵莲花，有的萌芽，有的盛开。另外，雕刻了几只鸭子，画面显得更加丰满。木雕中各种部分的图案简单生动，栩栩如生，富有装饰性，且全图构图饱满，气氛活跃，给人一种富贵祥和的感觉。

图 6-3-7　凤凰牡丹[①]

潮州木雕之所以能够精致亮丽，除了木雕艺术家自身的艺术修养和精湛的技艺外，还与它所使用的木材有着密切的关系。受海洋气候的影响，樟树木材柔软，纹理细密，不易变形，不易开裂，不易引起虫蛀，易于保存，能够满足刀雕在硬度和韧性方面的要求。现在流传下来的樟树木雕，除了受到外界因素的破坏外，很少有开裂或虫蛀的现象，保存得很好。还有用不易变形的杉木、红木、柚木等雕刻而成的木雕。

木雕需要用各种复杂的雕刻技术来完成生动的图像，这需要通过各种雕刻用刀来完成。潮州木雕艺术家在长期的艺术实践中不断完善自己的雕刻、切割工具，根据不同的用途生产不同形状的雕刻、切割工具，每种工具都有不同的尺寸规格。例如，圆凿适合描绘弧形物体，毛皮尾刀适合雕刻树枝和树干。运

---

① 据郭肖蕾，潮州木雕《二十四孝》造型语言研究，2014 年

用这些工具，潮州木雕艺术家们能够更准确地描绘心中的事物，表达自己的思想感情。

大多数潮州木雕都是镀金的，表面很少有原木出现，我们现在看到的大部分原木木雕都是因为年代久远导致金箔脱落。这种贴金漆是通过几个严格的程序完成的。首先，用石膏粉填充木雕开裂的地方。打磨光滑后，再刷三遍红漆。当看似干燥时，小心地贴上薄薄的金箔，以便完成一对木雕作品。通常木雕作品会与黑漆边相匹配，对比度强，作品显得高贵、华丽、灿烂。

（四）美观实用

潮州木雕作为一种艺术作品，很少单独存在。它们通常嵌入建筑物、家具、工艺品级的桌子中。只有佛像、花篮、蟹篮等，才会作为艺术品单独供人们欣赏。木雕安置在不同的物体上，都起到一定的美化和装饰作用，满足了物体的使用价值。它们不仅是依附于物体的一部分，还具有独立的审美艺术价值，使艺术价值和实用价值达到完美的结合。

潮州木雕艺术家根据不同的对象、用途和位置以及单个对象上的雕刻位置，搭配不同的雕刻装饰，既美化了装饰效果，又坚固耐用。楼顶的梁、柱、檐离我们的视线很远，有的起着承重作用，没有太多的雕琢，而且它们的雕刻很粗糙，只需要稍加修饰。门、窗、柜上的装饰多为多层中空雕刻，有利于采光、通风和食品储存。西安、广东博物馆藏品，如图 6-3-8，采用浮雕和雕刻技术，利用蟹壳装饰性布局形式，展现其精致、美观的外观。蟹壳上的装饰以浮雕的形式展示了周文王邀请姜子牙出山的故事。其他大部分装饰面也都是雕刻，其花纹细腻、致密、紧凑，既美观，又具有实用的透光通风功能。

潮州人非常重视祭祀用具的装饰，如盒子、水果盘、供品架、烛台、神龛、大神轿、大神阁等。以清代光绪时期的大神阁（图 6-3-9）为例。大神阁属于大型祭祀用具，它通常被安置在祠堂和寺庙供人们祭祀。主要组成部分有亭体、亭座、亭脚。亭体是主要的装饰部分，在上面雕刻了许多人物、水族馆、花鸟的故事，而且前门两边都有对联，门楣上的匾额写着“海国慈航”。第二层和第三层的亭体，体积更小，装饰也比第一层简单。底座用黑漆装饰。[①]

① 据郭肖蕾，潮州木雕《二十四孝》造型语言研究，2014 年

6-3-8

6-3-9

第三节　广式木雕艺术的现代应用

一、广式木雕艺术的现代应用原则

目前，在继承传统广式木雕装饰艺术的基础上，要把传统的结构形式、装饰特点、文化内涵和现代人的生活方式、审美兴趣结合起来，以现代建筑技术和现代设计理论为指导，使之更好地融入广式木雕装饰艺术，用于现代建筑。

（一）直接应用原则

传统建筑是一种典型的木结构建筑形式，而现代建筑大多是钢筋混凝土结构，主体结构多为直线结构。广式建筑中梁框架部分的传统木雕艺术不适用于钢筋混凝土的现代框架建筑，其只能在传统木结构建筑中发挥作用。

在形式上，广东现代建筑保持往往会对传统的古建筑如宫殿、寺庙、祠堂等进行一些改造或恢复。为了保持与原有建筑的一致性，必然会选择传统的木结构风格，并将其与传统的木结构建筑相结合。梁上的 L 柱风格也将与传统形式相一致，直接恢复梁结构和当时古建筑祠堂大厅的雕刻装饰与形式，此时，广式木雕构件可直接用于此类古建筑中。此外，在一些中式别墅、饭店、会馆、园林、商店等追求与传统广式建筑相同造型的建筑中，为了创造一种传统的建筑空间风格和室内氛围，它们的建筑将不仅采用木结构形式，而且采用梁架、柱、主体、柱头、檐下部分木雕。定量运用广式建筑木雕艺术构件，不仅在建筑结构形式、技法等方面有直接的借鉴作用，还使雕刻风格、技法的选择尽可能与广式传统木雕艺术相一致。

在题材和内容上，广式木雕艺术中有一些优美、吉祥、简洁、的图案，可以直接在现代建筑装饰中运用。图案引文的形式也各不相同，其中雕刻、绘画和粘贴是常用的方法。广式木雕艺术中有许多固定的内容和图案，符合现代人的审美和鉴赏方法。它具有与现代建筑相同的简洁外观，可以直接被现代建筑所引用，也可以被大多数现代人所接受。当然，大多数图案也可以符合现代机械加工批量生产的需要。

（二）借鉴应用原则

在现代广式传统建筑的建造过程中，一些建筑的主体框架是由现代建筑材料制成的，这些建筑的外观是古代建筑的风格，大多以广东传统木雕建筑的风格和主题进行装饰，以达到对传统古建筑的模仿效果。

从形式上讲，在走廊、门窗、梁架等用现代材料建造的仿古建筑中，为了达到相同的装饰气氛和艺术意念，后来又增加了一些广式建筑木雕的装饰构件，仅起到简单的装饰作用。模仿传统园林的仿古建筑，其柱、梁、栏杆等部位的装饰、雕刻形式和工艺大多以古老的传统广式木雕艺术为基础，采用雕刻机、数控雕刻中心等现代机械加工制造，达到最终效果。此外，木雕与结构的关系也应充分考虑，以免破坏结构。同时，要加强结构的牢固性能，保证建筑艺术的功能、形式和装饰性。

在题材内容上，要充分了解广式木雕艺术中的传统雕刻题材。在现代设计理念和建筑装饰实践中，可根据现代人的思想，对传统雕刻题材进行修改，并将其运用到建筑装饰中，采用传统与现代的组合形式，在建筑中采用直线块面或曲线块面组合，使建筑主旨与装饰主题相匹配，材料中的各种曲线装饰图案和配件可让整个建筑既壮观又坚实，实现主题与建筑各部分的协调统一，形成和谐、简单、庄重、新颖、绚丽的建筑装饰韵律。

（三）创新应用原则

创新应用是指在传统木结构的基础上，对传统建筑的梁框雕刻装饰、屋檐雕刻装饰、门窗雕刻形式和木雕图案进行改造或提炼，改造后应用于现代建筑结构和装饰的方法。

对于广式建筑木雕形式和主题的创新应用，不仅要了解建筑形式的外在形式和传统的图案主题，还要深入分析其内在含义和意蕴。正是这种形式与意蕴的结合，使这种建筑艺术的传统文化精髓得以延续，并在延续过程中不断衍生出更多的形式。丰富建筑形式和装饰，应包括类型、图案和主题。在延续木雕艺术形式、范畴和图案题材传统的过程中，首先，“意义”的延伸产生了“形式”的历史渊源。每一个历史时期“形”与“意”的演变与发展，不是对其原始“母体”的否定，而是赋予新审美观念的新形态，从而丰富和拓展了这些形态的“形”与“意”。因此，在图案主题的创新应用中，或在图案的提炼与再设计过程中，我们也应以“形”与“意”的符号学理论为指导。根据建筑木雕装饰的形式、类别与图案主题的关系，我们主要采用四个原则。创新精炼与应用的 LES，即简化精炼、抽象精炼、夸张提取、分解和重构。

简化、提炼和创新应用的原则是简化和总结广东传统建筑中复杂的木雕形式和图案。在把握建筑中木雕原始形态和内涵的前提下，应减少复杂，简化或消除木雕艺术复杂形态和图案中的琐碎以及不一致部分，理顺形态和图案，让图案连接更集中，更符合现代人的思想和审美，简洁而不失传统的建筑木雕形式和审美意识的一种精致原则。

抽象的原理是通过几何变形来抽象传统建筑的形态和图案形象。通常，为了取代传统的建筑木雕方法，会抽象出一些简单的块面组合。传统的图案造型是抽象地用几何直线或曲线来概括的，它们被归纳为简单的图案造型，使之简洁生动，富有现代美。

夸张提取、分解和重构原理是现代设计理论中的一个普遍应用规律。夸张提取是对建筑形式或装饰图案某些部分和特征进行突出、夸张和强调的提炼原则，使原有的形式和特征更加鲜明、生动、典型。通常在想象的帮助下，它增加了对象形状、动态状态和颜色等特征，通过夸张，可以更清晰、更有力地揭示自然形态的本质特征，增强艺术感染力。而分解与重构提炼则是一种提炼原则，根据设计师的意图将木雕形态与图案对象进行划分与转换，然后根据一定的规则。

二、广式木雕艺术在现代室内装饰中的应用

中国传统思想一直奉行“天人合一”的理念。将这些理念融入现代环境的空间设计中，在不丢弃民族传统特色的前提下，实现对空间的更大利用是不容易的。

目前，在室内设计中，许多喜欢中国传统文化的人在室内装饰中表现出对

木雕艺术的独特偏好。在室内空间，有两个广式木雕艺术的主要载体：家具和展示艺术作品。

（一）在家居空间中的装饰应用

随着社会的进步和经济的发展，现代人的物质生活条件日益改善，人们开始关注精神文化的追求。家居装饰和空间装饰的效果直接影响着人们的精神生活需要。因此，人们越来越重视家居空间的文化内涵和品位，中国传统的室内风格也越来越受到人们的青睐，这突出了文化的品位。

家居空间的文化特征一直是人类文明的一个重要方面。从商周、明清到近代，中国的民居文化非常独特，在世界民居文化艺术之林中独树一帜。中式家居空间氛围的营造离不开传统的室内陈设。它演绎了中华民族在家居空间装饰中的文化、兴趣和语境。同时，它与人们的饮食和生活有着非常密切的关系。传统的广式雕花家具作为典型的中式风格室内陈设越来越受到人们的欢迎。同时，在家居空间的装饰中起着至关重要的作用。根据家居空间的使用功能，大致可分为客厅空间、餐厅空间、卧室空间、书房空间、门廊、休闲空间等空间类型。不同的家居空间对雕刻家具有不同的要求。

1. 客厅空间

在家居空间中，客厅是一个具有家庭生活、聚会和娱乐功能的地方，也是整个家庭中使用最频繁和最大的生活空间，也被称为起居室。客厅的装饰风格是整个室内空间的主要组成部分。在家居空间中，客厅的装饰风格也是整个室内装饰的重点。在现代中式客厅区域，一套组合沙发和茶几是必不可少的，它们与电视柜和其他装饰用具一起满足人们在客厅空间的活动。

为满足现代客厅的需要，人们在传统家具风格的基础上，对传统中式雕刻家具进行了改进，制作了雕刻沙发和茶几满足现代客厅的需要。此外，根据不同类型人群的需求，设计了不同的家具尺寸来满足人们的需求。另外，考虑到大多数人习惯了普通沙发的柔软性，将沙发软垫与沙发硬底相匹配，也要满足不同季节人们的需求。

如图 6-2-15 所示，雕刻的桃花心木组合沙发和方形沙发，除沙发底座外，其他部分大多采用浮雕为主的加工工艺。沙发略低于传统的长凳高度，扶手沙发底部高度很低，便于放置厚海绵软垫，这对沙发来说是一种很好的选择。其次有大面积的雕刻，把现代材料制作的软垫与传统融为一体，沙发背面的中国画与浮雕融为一体，相得益彰，和谐统一。

如图 6-2-16 所示的方形沙发造型能赢得许多中年家庭的青睐，图 6-2-17 所示的生动雕刻的桃花心木沙发会引起大多数年轻人的注意。沙发扶手部分设计成曲线造型，进行小面积的雕刻装饰，包括茶几、吧盒、花几造型。这样，加上厚实海绵垫的木雕家具与装饰，也能营造出简约典雅的现代中式客厅空间。[①]

图 6-2-15　造型方正的客厅雕花家具图

图 6-2-16　造型活泼的客厅雕花红家具

图 6-2-17　雕花龙椅

图 6-2-18　雕花龙椅

图 6-2-19　雕花龙椅细节

图 6-2-20　雕花龙椅细节

图 6-2-17 和 6-2-18 所示的雕刻龙椅体量巨大，整个家具都被雕刻和装饰

① 据薛拥军，广式木雕艺术及其在建筑和室内装饰中的应用研究，2012 年

所覆盖。大面积的深浮雕造型可以方便观察家具本身雕刻的细节。如图 6-2-19 和 6-2-20 所示的家具本身工艺精湛，图案精美，是一件非常精致的装饰品，这件精雕细刻的桃花心木家具被放置在客厅，立刻营造出客厅庄重豪华的气势。

另外，在用雕刻家具装饰中国客厅空间时，应注意家具与其他室内因素的协调。选择深色雕刻家具装饰客厅时，应与深色木地板和红色薄垫相匹配。同时，也最好与中式风格的书画、瓷器和茶具相搭配，体现出同样的效果。如图 6-2-21 和 6-2-22 所示。①

图 6-2-21　黑色雕花家具的客厅营造（一）

图 6-2-22　黑色雕花家具的客厅营造（二）

另一个例子是以暖色组合雕刻沙发为主的客厅空间，我们还需要配合其他装饰器具营造一种氛围，如图 6-2-23 所示的深红色雕刻沙发靠垫，用深红色窗帘搭配；如图 6-2-24 所示的黄色调组合雕刻沙发靠垫，沙发的背景墙上也运用了黄色的色调，以典型的中式风格的人物风景画营造空间氛围。②

图 6-2-23　暖色雕花家具的客厅营造（一）

图 6-2-24　暖色雕花家具的客厅营造（二）

除了使用一套完整的雕刻沙发来布置中式客厅外，我们还可以用一些小型

---

① 据薛拥军，广式木雕艺术及其在建筑和室内装饰中的应用研究，2012 年

② 据薛拥军，广式木雕艺术及其在建筑和室内装饰中的应用研究，2012 年

雕刻件来装饰客厅。木雕艺术作品的主要功能之一是装饰环境，在起居室中放置雕刻板或雕刻窗也可以达到意想不到的装饰效果。如图 6-2-25 所示，现代沙发的背景墙上悬挂着三幅精雕细刻的木雕，精致的木雕与现代风格的客厅充分融合，增加了客厅空间的层次感和趣味性。如图 6-2-26 所示，复式住宅的起居室中，沿着楼梯台阶依次装饰若干木雕，从台阶上依次垂下，和深色木楼梯相搭配，加上聚光灯照明，营造出和谐的家居环境。[①]

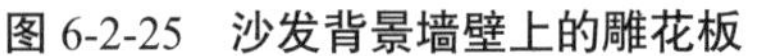

图 6-2-25　**沙发背景墙壁上的雕花板**

图 6-2-26　**客厅楼梯上的金漆雕花板**

无论是在客厅内放置雕刻家具，还是在墙上悬挂雕刻板，除了风格、色调、灯光和界面的协调之外，还应注意雕刻作品与客厅空间的比例。只有当比例适当时，才能达到应有的效果。

2. 餐厅空间

餐厅是吃饭的地方。餐厅的装修首先要满足活动性和流畅性的基本要求，方便人们在用餐时的走动。尤其是用传统风格的雕花家具装饰餐厅空间时，不仅要有一定的空间距离来保证活动的自如，还要保证空间的美观舒适。另外，要注意餐厅区域的采光和色彩协调，营造温馨的就餐环境。

一般餐厅占用的面积小，与起居室相连，人们通常会选择带 4 或 6 把餐椅的长方形餐桌，满足较小空间的需要。此外，还需要小型的广式配套家具。在餐桌一侧放置一个方形的酒柜，顶部放置一个玻璃柜门的餐具柜。绿色植物搭配黄色地毯，营造出一个优雅舒适的家庭用餐空间，美观大方，如图 6-2-27 所示。如果空间不够紧，无法放置一个较大的酒柜，也可以在餐桌的一侧放置窄条酒柜。在墙上挂几幅中国画，结合温暖的灯光照明，营造一个优雅舒适的生活环境，如图 6-2-28 所示。[②]

① 据薛拥军，广式木雕艺术及其在建筑和室内装饰中的应用研究，2012 年
② 据薛拥军，广式木雕艺术及其在建筑和室内装饰中的应用研究，2012 年

图 6-2-27　一般餐厅空间的装饰（一）

图 6-2-28　一般餐厅空间的装饰（二）

如果家居空间面积较大，且有单独的区域划分餐厅空间，可选择占用较大空间的圆形餐桌，带较大尺寸的餐椅。在餐桌和椅子的边缘可以放置几张桌子、边柜或酒柜，以便于存放其他用品，然后搭配深色的地面、暖色或白色的墙壁。枝形吊灯适用于桌子上方。桌椅和其他家具如酒柜的颜色可以保持一致，如图 6-2-29 所示。有时为了反映对比度，可以选择颜色差异较大的家具进行对比装饰，也可以实现很好的装饰效果，如图 6-2-30 所示。①

图 6-2-29　独立餐厅空间的室内（一）

图 6-2-30　独立餐厅空间的室内（二）

3. 卧室空间

卧室是人们睡觉和休息的地方，它的装饰和布局将直接影响人们的休息、生活、工作和学习的效果。在以广式雕刻家具布置的卧室设计与装饰中，应首先考虑卧室的实用功能。当然，要注意协调功能和装饰，营造理想的居室环境。因此，在卧室的布置和装饰中，不仅要考虑家具和物品的位置，还要考虑整体装饰风格的色彩和舒适性。

如图 6-2-31 所示，卧室空间由颜色较深的红色雕刻家具组成，主要由双人

---

① 据薛拥军，广式木雕艺术及其在建筑和室内装饰中的应用研究，2012 年

床、床头柜和衣柜组成。床头靠背由几块板组成，形成高低起伏的形状。采用浮雕技术雕刻出图案。另外，床的左右两侧和前方都是浮雕花纹板，经过精心雕琢和装饰，十分豪华；床头柜的抽屉板和小柜的门板上也覆盖着一致的浮雕图案，衣柜的顶部与床头柜的背面是相同的波浪形状，衣柜的门板上也有浮雕图案。整体家具颜色较深，与深黄色的床上用品、字画、暖管灯相配套。此外，图 6-2-32 所示的浅色调雕花卧室家具的形状变化不大，可以用粉色床上用品、中国书画、暖管灯和深色地毯进行装饰。①

图 6-2-31　简洁实用的卧室空间（一）

图 6-2-32　简洁实用的卧室空间（二）

此外，还可以选择典型的广式卧室家具来装饰现代卧室空间，达到一种华美的中式风格，如图 6-2-33 所示，整套家具选择了与复杂的深浮雕图案相匹配的深色调，深浮雕图案布满了床身、靠背、大衣柜。同时，为了呈现这种富丽堂皇的感觉，在床的背面悬挂了一个深浮雕的屏风，将整个床装饰起来，创造了一个神秘、富丽堂皇的卧室空间。②

图 6-2-33　雕刻繁缛家具组成的卧室空间

① 据薛拥军，广式木雕艺术及其在建筑和室内装饰中的应用研究，2012 年
② 据薛拥军，广式木雕艺术及其在建筑和室内装饰中的应用研究，2012 年

4. 书房空间

书房是人们读书写字和办公的地方。木雕艺术作品可以装饰书房空间，展现主人的品位以及文人气质。整体风格力求清新雅致、活泼明快，但也要适当华丽。一般来说，中国室内生活空间中在学习空间使用的木雕家具都很精致。家具形式、雕刻图案和装饰不像其他空间那样僵化、风格化，而是更加随意、多变。木雕应用较多的家具主要包括书桌、椅子、书架等专业家具，以及棋盘、休闲桌、长凳等休闲家具。书房里的桌子通常用精美的雕刻装饰，也可以用其他木雕或其他小部件（如木笔架）来装饰，以营造一个中式风格的学习空间。①

图 6-2-34　用博古架做隔断的书房空间

图 6-2-35　雕花的红木书桌和书柜

如图 6-2-34 所示，学习空间由古代雕刻框架分割。在雕刻框架上摆放着一系列具有浓郁中国传统风格的物品，如青花瓷、雕刻小件、玻璃饰品等。方和圆的巧妙结合，形成了古代雕框上的雕刻装饰，并具有适当的宽度和有浮雕的前板。书柜装饰的书桌，加上简单的书柜、中国红地毯、盆栽绿色植物，营造出舒适、典雅的书房空间。图 6-2-35 所示的曲线形书桌、顶部有角线的书柜、腰部雕刻装饰的花桌，可营造出轻松、活泼、优雅的氛围。

5. 其他空间

在现代生活空间中，除了以上提到的客厅、餐厅、卧室、书房等主要场所外，还有门廊、休闲室、过道、接待室等生活空间，也可以用雕刻家具和不同形状的木雕制品进行装饰，以达到理想的风格效果。

门廊，是进出现代家居空间的必要通道。它是客厅入口、室内和室外之间的过渡区。由于现代生活方式的变化，现代家居空间的入口，除了具有缓冲和过渡的功能外，一般还具有换鞋、换衣服、放置钥匙、雨伞等实用功能。如图 6-2-36 所示，门廊区域除了雕刻精美的图案外，还装饰有绿色盆景或中国画和

① 据薛拥军，广式木雕艺术及其在建筑和室内装饰中的应用研究，2012 年

娃娃。中式鞋柜也可以放在箱柜的两侧，以满足现代家居空间的实用功能。[①]

图 6-2-36　用翘头案装饰的玄关（一）

在较大面积的家居空间内，也可以开辟一个单独的区域作为休闲区或茶水区。广东人喜欢喝茶，用一组雕刻的桃花心木家具装饰这一区域，既可达到装饰的目的，又可实现空间的实际利用。如图 6-2-38 所示，由一组雕刻桌椅组成的饮茶空间可以匹配这一功能。博古的货架和长条桌上刻有图案，配合柔和的灯光，营造出一个安静祥和的茶水休闲场所。[②]

图 6-2-38　雕花家具营造的休闲空间

除了门廊、休闲空间外，还有走廊和会议室等空间。走廊空间内可放置一对雕刻椅和小茶几。不同风格的椅子将形成不同装饰风格的走廊空间，如图 6-2-39 和 6-2-40 所示。[③]

① 据薛拥军，广式木雕艺术及其在建筑和室内装饰中的应用研究，2012 年
② 据薛拥军，广式木雕艺术及其在建筑和室内装饰中的应用研究，2012 年
③ 据薛拥军，广式木雕艺术及其在建筑和室内装饰中的应用研究，2012 年

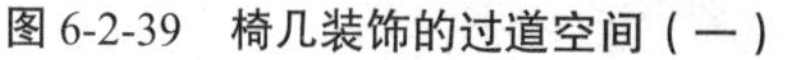

图 6-2-39　椅几装饰的过道空间（一）

图 6-2-40　椅几装饰的过道空间（二）

此外，还可以模仿古代传统室内空间中的大厅装饰风格，在现代家居空间中安排游客空间。如图 6-2-41、图 6-2-42 所示，根据传统礼堂严格的轴对称形式，可采用典型的广式雕刻家具，如太师椅、方桌等，配以福禄寿三尊木雕造像，布置现代游人空间，也可实现浓郁的中式装饰风格。①

图 6-2-41　模仿厅堂布置的现代会客空间（一）

图 6-2-42　模仿厅堂布置的现代会客空间（二）

（二）公共空间的装饰应用

在公共空间，一些精雕细琢的木制家具或构件经常被用来装饰和美化空间，以创造一种传统的中式风格。

中式木雕作品，尤其是清代广式木雕的传统家具，除在居住区外，越来越多地用于酒店、宾馆、娱乐场所等公共场所。高档酒店通常以木雕、红木家具装饰、红木雕刻艺术装饰为主，这不仅是一种时尚潮流，也体现了一种文化艺术气息，让人们在品尝美味佳肴的同时，还能享受到传统木雕艺术所蕴含的传统文化。②

---

① 据薛拥军，广式木雕艺术及其在建筑和室内装饰中的应用研究，2012 年

② 据薛拥军，广式木雕艺术及其在建筑和室内装饰中的应用研究，2012 年

图 6-2-41　**酒店候客区的金漆木雕花板装饰**

图 6-2-42　**酒店包间的金漆木雕花板装饰**

在公共空间使用木雕艺术产品时，掌握空间的整体环境是非常重要的。在很多情况下，部分木雕艺术作品在公共空间使用往往会有良好的效果。如图6-2-41 和 6-2-42 所示，一些装饰性木雕挂件可用于酒店公共大厅和包厢内的局部装饰。

在一些酒店的大堂、休息区和客房中，经常会发现传统的雕刻家具。例如，在走廊的尽头和中国现代沙发的旁边，摆放着一件木雕家具，展现出优雅、平静的氛围。一般公共空间的传统家具体积较大，大多是雕刻精美的大型广式家具，与公共空间面积相匹配。此时，装饰功能往往大于实用功能，适合选择大型木雕家具，如图 6-2-43 和 6-2-44 所示。[1]

图 6-2-43　**大型公共空间雕花广式家具（一）**

图 6-2-44　**大型公共空间雕花广式家具（二）**

此外，还有许多大型酒店、餐厅和其他公共场所，可以接待具有不同民族特色的客人，那么，简单的家具陈列可能无法充分传达传统装饰风格的气息。我们要用具体的环境设计装饰来体现公共空间国际化的水平，同时也要使人们产生中国传统民族特色的印象。

① 据薛拥军，广式木雕艺术及其在建筑和室内装饰中的应用研究，2012 年

众所周知，传统木雕艺术作品的设计与制作，许多都与文人的美学和智慧融为一体，主要体现了中国文人高贵、端庄、奢华的本质，现代办公空间也可以利用木雕艺术作品来体现对历史文化的尊重和艺术氛围，在这样的环境中，你可以感受到在同一空间内，新旧物品和文化之间的交流。不仅可以营造出现代的办公氛围，还可以营造出一种宁静的个性空间。

第七章　广式木作的传承与创新

第一节　广式传统木作文化

广东地处祖国南部边境，北靠武陵山，山川秀丽，物产丰富，人杰地灵，是岭南文化的重要源头，也是岭南文化的繁荣之地和传承之地。由于历史地理上的隔离，与中国其他地区相比，广东传统文化具有鲜明的地域特色。在语言和文化上，广东使用粤语、客家话、潮州话等方言，且有粤剧、粤语歌等艺术；在风俗文化上，广东人十分重视春节花街、花市等传统节日活动，具有浓厚的民间信仰，南海神的生日、天后的生日等习俗源远流长；在文化生活中，广东人喜欢吃早茶、喝糖水、煲汤；在创作文化方面，广东有独特的工艺和产品，如佛山陶塑、肇庆端砚、广州三雕、广彩广绣和广式家具等，这些都具有广东传统文化和岭南文化的典型特征。尤其是广式家具，它不仅继承了中国优秀的家具传统，还吸收了大量的外来文化元素和设计技巧，创造了广式本土家具的独特风格范式。

广东传统家具文化是一种特殊的文化形式。它以家具为载体，具有鲜明的广东特色和广东风格。广东传统家具文化主要以广式木作为代表，包括客家家具和潮汕家具，它们不仅历史悠久，而且具有鲜明的特色，尤其是发展成熟的广州家具文化。广州能成为岭南文化和广府文化的核心，与广州的地理、经济、文化有着密切的关系。自唐宋以来，广州一直是中国南方乃至全国最重要的商业中心之一。特别是 1522 年至 1840 年（明朝嘉靖元年至清道光二十年），广州是中国唯一合法的进出口贸易口岸。独特的地理位置和频繁的对外贸易，不仅促进了广东经济的发展，而且加强了中西文明的交流，造就了广东人放眼世界的氛围。西方先进实用的科学技术以及灿烂多彩的文化艺术，对广式家具独特风格的形成起到了积极的推动作用。它们不仅为广东传统家具的发展注入了新鲜血液，而且创造了一种不同于过去传统家具的典范，最终形成了广式木作，在中国传统家具中确立了先进的地位。

第二节　广式木作的传承与创新

设计特征是器物文化创造规律的体现，也是对身份属性的本质描述，它包括材料、结构、工艺、形状和内部设计模式等因素。自明朝以来，中国传统家具最突出的特点是简单，这影响了后世其他器具的设计和创作。在清朝，由于时代的突变，中国传统家具的设计理念也发生了变化。与古雅的明式家具相比，广式家具不仅豪华厚重，而且在雕刻方面也很复杂。总体上，它还具有鲜明的区域性、国际性、商业性和世俗性特征。

（一）材料与结构

广式家具是中国传统家具中最重要的地方家具种类之一。它不仅在世界家具史上占有一定的地位，而且对西方传统风格（如巴洛克、洛可可等）的发展也产生了积极的影响。广式家具先进地位的确立，与其所采用的材料和结构密切相关。由于时间和地点的优势，广式家具大多由酸枝木、紫檀木和花梨木三种硬木制成，此外还有鸡翅木、铁力木、坤甸木等。这些硬木不仅质地坚硬、美观，而且颜色和材料稳定，非常适合广式家具的造型表达和制作工艺。

广式家具使用这些硬木材料后，一般家具的内表面不刷漆，只刷外表面。刷漆时，用少量灰或腻子粉封闭基材。有时，抛光后直接上漆或上蜡，以显示木材的真实纹理。同时，广东工匠在制作广式家具时，多是一木连作和全木连作（即通常需要两种组分的部分是直接用一种组分挖成的，而在一件家具中，他们喜欢用同一种木材，或用同一种材料来制作）。除了硬木材料外，广式家具广为应用石材（大理石、玉石）、象牙、贝壳等材料镶嵌。

酸枝木是广式家具中最常用的硬木材料。到目前为止，它仍然是广东传统家具的首选材料。酸枝木因其味酸、苦而得名，在中国北方常被称为红木。由于大多数广式家具都是用酸枝木制作的，所以酸枝木家具也成为广东硬木家具的别称（图 7-3-1 至图 7-3-5）。[①]

① 据朱云，广东传统家具文化的传承创新现状与对策分析，2018 年

图 7-3-2　紫檀有束腰西洋装饰扶手椅

图 7-3-3　酸枝镂刻花卉龙凤博古大柜

从视觉上看，酸枝木质地坚硬，结构精细，颜色呈深红色，伴有深棕色或黑色条纹。它在抛光打蜡后，表面像镜子一样明亮。同时，在触觉上，由于酸枝木脂肪含量高，触摸时有滑润温凉的感觉。在广式家具中，由于其优良的木材性能、意味深长的色彩和细腻的质感，往往给人一种奢华的美感。紫檀在中国俗称青龙木，质地细腻致密，像缎子和玉石，颜色是深紫色或红色。经过抛光，它的表面像镜子一样明亮。王佐在《新增格古要论》中说过：“红檀木产于广西湖广胶植（越南），自然力强，新为红，旧为紫，有蟹爪纹；新为浸水染色。”紫檀木具有良好的性能，长期使用不变形，加工性能优越，易于雕刻，自古以来就是制造材料中的瑰宝。进入清朝后，由于紫檀原料稀少，主要用于制作宫廷家具，很少用于民间器皿。

花梨木也是广式家具中常用的木材之一。其质地温和，变形速率小。花梨木品种繁多，黄花梨（黄檀）是最好的花梨品种。花梨的边材一般为灰黄色或黄褐色，心材为棕红色。花梨木广式家具图案优美，色彩温暖，给人一种平和温暖的感觉。

在橱柜家具中，广式家具的顶部经常有装饰，类似于西式家具的壁橱屋顶，有时脚直接用在西式三个弯曲的腿上。在衣柜等橱柜内，为了方便挂衣服，广式家具的隔断部件已基本消除。广式家具中出现了折叠桌和单腿桌。折叠桌，广东人通常称之为“鬼桌”，主要用于桌子的存放和搬运。单腿桌是完全西方风格的桌子，腿的末端有三脚架结构，有时桌面有折叠结构。除上述家具结构外，在广式家具中，结构变化也很明显。

广式椅腿常采用“H”型脚挡和“X”型脚挡，以净化椅子下部空间。在一些仿西式广式椅中，甚至没有拉具。当使用这些西式连接脚结构或非拉出式结构时，腿的上部通常使用弯曲结构（广东通常称为八字腿），这是非常西方的风格。在座椅靠背结构中，座椅的后腿与靠背柱分离，以适应座椅靠背的曲线形状。

（二）技术与工艺特征

广式硬木家具制作技艺是广州传统手工技艺的代表，其历史可追溯到明末清初，是中国传统家具工艺大系中的一个分支，它承于传统风格，同时大量借鉴了外来文化艺术和家具造型手法，充分表现出兼容不同文化的多元风格。在艺术风格上，广式家具追求富丽、豪华，雕工繁复而精巧，雕刻的面积宽广而深厚。此外，还注重镶嵌艺术的发挥，擅长使用各种装饰材料，融合多种艺术表现手法，独创了镶嵌木、竹、石、瓷等工艺。广式家具不但反映了岭南先民审美情趣，也烙下了近百年来中西文化交融的印痕。

图 7-3-4　**广式家具（一）**

图 7-3-5　**广式家具（二）**

图 7-3-6　**广式家具（三）**

图 7-3-7　**广式家具（四）**

图 7-3-8　**广式家具（五）**

图 7-3-9　**广式家具（六）**

图 7-3-10　**广式家具（十）**

图 7-3-11　**经过改良简化制作的广式家具**

独特的技术工艺是广式家具区别于其他传统家具类别的又一身份特征。广式家具在继承中国传统家具榫卯工艺技术的基础上，也吸收了西方的家具工艺和其他艺术工艺。从运用频次来看，广式家具的工艺技术主要以雕刻、镶嵌最为常见，无论是宫廷家具还是民间家具均有体现。因此，民间常将销售为戏称“卖花卖石”，其中“卖花”说明广式家具的雕刻花纹多，而“卖石”则印证了广式家具镶嵌工艺的普遍性。此外，广式家具也喜欢螺钿、珐琅、玻璃画等工艺，但这些工艺在宫廷广式家具中出现的频率更高。

广式家具以木雕为主，也有石雕、象牙雕和其他雕刻。在木雕方面，广东工匠运用了圆雕、浮雕、透雕和半透雕的技巧。例如，在家具的端部、柱子、腿和脚等部位，一般采用圆雕；在主要支撑件、承重件和结构件的表面，多采用浮雕工艺；而在家具板式构件和非承重构件的面板边缘，多采用贯穿雕刻和半穿透雕刻。与其他地区的木雕工艺相比，广式家具的木雕花纹更深，雕刻打磨后更为精致。因此，雕刻图案的表面如玉般晶莹剔透，没有出现刀凿的痕迹，体现了广式木雕工艺的精湛。

广式家具的镶嵌材料主要有大理石、贝壳、玉石和珐琅，其中镶嵌大理石和螺钿非常常见。广式家具的大理石镶嵌主要用于大板上，如椅子、凳子、床的座面、靠背等。进行大理石镶嵌时，其材料的选择非常重要。大理石以云南大理石为优，也可选当地大理石，如广东云浮大理石。石头要晶莹剔透，冰清玉洁，质地优美。镶嵌时要构图合理，意义深远，使其富有想象力，与广式家具其他部位的造型相得益彰。大理石经切割、打磨、抛光后，主要与木材结合，注意接缝严密。在工艺上，广式家具的螺钿注重纯净、均匀和全尺寸，如果使用厚螺钿，其颜色一般为白色或齿黄色；如果使用软螺钿，则会呈现红色、粉色、蓝色等颜色。广式家具不仅可以在较宽的部件上进行螺钿镶嵌，而且可以在较窄的雕刻上进行，家具整体统一呼应，绚丽多姿。

（三）造型与装饰特征

造型与装饰是广式家具区别于其他传统家具的最显著特征。由于广东特殊的地理因素，广式家具在继承中国传统设计文化的同时也融合了大量的西方艺术元素。广式家具不仅产生了新的家具种类和新的装饰图案，还在造型元素和装饰手法上进行了不少创新。整体而言，广式家具产生的新种类主要集中在坐卧类家具中。如仿西式椅凳形制的广式双人椅（图 7-3-12）、广式三人椅、广式贵妃椅等新式家具；适用于广东湿热气候环境的广式凉床、广式躺椅、广式摇椅等家具；连体花几等家具。在装饰图案上，广式家具不仅引进了西式装饰图案，而且依据自身的技术工艺特点，创造了新的装饰图案。大量引进的装饰图案有：西番莲（图 7-3-13）、贝壳纹（图 7-3-14）、莨菪叶、卷草纹（图 7-3-15）、仰俯莲瓣纹金杯造型、盾牌造型等，这些引进的装饰图案是界定广式家具的特色标识。同时，广式家具也依据自身雕刻工艺特性，改进了一些特色图案，如福禄寿、梅、竹、葫芦、蝙蝠、寿桃、连珠等装饰图案，这些图案是广式家具最常用的，并且以满雕和透雕为主，是辅助界定广式家具的标识之一。在造型元素上，广式家具一改中国传统的直线构图特征，大量采用西式曲线元素，如 C 型、S 型曲线，这些曲线造型运用非常广泛，尤其在家具腿部，强调腿型的张力与动感，造型变化较大，如仿西式的羊蹄腿、虎爪脚，或依中国传统家具改进的勾线脚、猫爪脚、双线花瓶脚等。

除此之外，广式家具还照搬西式家具整体造型，直接将其改造成广东传统红木样式，即取西式家具款式形态为基本造型，运用广式家具的材料、工艺、结构和装饰等要素，如广式家具的扶手椅、靠背椅大多是仿照西式巴洛克或洛可可风格的椅子。在造型装饰方面，广式家具大胆采用西方的装饰图案和装饰手法，使之体现出中西融合的特点。

图 7-3-12 酸枝高屏尖钩式镶石长椅

图 7-3-13 西番莲造型广式家具

图 7-3-14 贝壳纹广式家具

图 7-3-15 卷草纹广式家具

综上所述，广式家具是继承中国文化、融合西方文化的最佳范例之一，值得认真研究。但在研究和应用过程中，要结合设计现状，提炼精华，剔除浮渣，以促进中国传统家具的继承和创新。

参考文献

［1］王世襄．锦灰堆 [M]．北京：生活·读书·新知三联书店，1999.
［2］马未都．马未都说收藏·家具篇 [M]．北京：中华书局，2008.
［3］濮安国．明清苏式家具 [M]．长沙：湖南美术出版社，2009.
［4］马可乐．可乐居选藏山西传统家具 [M].
［5］田家青．明清家具鉴赏与研究 [M]．北京：文物出版社，1988.
［6］张德祥．张说木器 [M]．北京：国际文化出版公司，1993.
［7］胡文彦．中国传统家具文化 [M]．石家庄：河北美术出版社，2004.
［8］李宗山．中国传统家具史图说 [M]．武汉：湖北美术出版社，2001.
［9］潘宝林．古木神韵·古木香珍藏明清家具 [M]．北京：人民美术出版社，2005.
［10］朱德喜，陈善钰．中国传统家具 [M]．武汉：华中理工大学出版社，1998.
［11］聂菲．家具鉴赏 [M]．桂林：漓江出版社，1998.
［12］杭间，张夫也，孙建君主编．装饰的艺术 [M]．南昌：江西美术出版社，2001.
［13］高丰．中国器物艺术论 [M]．太原：山西教育出版社，2001.
［14］柏德元，潘嘉来．中国传统家具 [M]．北京：人民美术出版社，2005.
［15］胡德生．中国古代的家具 [M]．北京：商务印书馆国际有限公司，1997.
［16］聂菲．中国古代家具鉴赏 [M]．成都：四川大学出版社，2000.
［17］罗一民．南通传统柞榛家具 [M]．北京：文化艺术出版社，2004.
［18］方海．从传统漆家具看中国传统家具的世界地位和作用 [J]．家具与室内装饰，2002.
［19］许柏鸣．明式家具的视觉艺术及其文化内涵 [D]．南京林业大学，1999.
［20］山东大学《商君书》注释组．商君书新注 [M]．济南：山东人民出版社，1976.

［21］周祖谟. 方言校笺 [M]. 北京：中华书局，1993.
［22］[汉] 戴德. 大戴礼记 [M]. 四部丛刊本.
［23］北大历史系《论衡》注释小组. 论衡注释 [M]. 北京：中华书局，1979.
［24］[清] 段玉裁. 说文解字注 [M]. 上海：上海古籍出版社，1981.
［25］胡吉宣. 玉篇校释 [M]. 上海：上海古籍出版社，1989.
［26］[唐] 王仁煦. 刊谬补缺切韵 [M]. 影印故宫博物院藏唐写本.
［27］周祖谟. 唐五代韵书集存 [M]. 北京：中华书局出版，1983.
［28］[唐] 释慧琳. 一切经音义 [M]. 上海：上海古籍出版社，1986.
［29］[唐] 李筌. 神机制敌太白阴经 [M]. 北京：中华书局，1985.
［30］[宋] 丁度等. 集韵 [M]. 北京：中国书店，1983.
［31］[清] 王顼龄. 书经传说汇纂 [M]. 日本刊本（南图本）.
［32］[清] 孙士毅. 事物名异录 [M]. 清乾隆刻本.
［33］[清] 吴其濬. 植物名实图考 [M]. 北京：商务印书馆，1959.
［34］[清] 李晒. 钦定河工则例章程 [M]. 清乾隆十三年刻本.